国家自然科学基金委员会国家基础
学科人才培养基金项目

《现代物理基础丛书》编委会

主　编　杨国桢

副主编　阎守胜　聂玉昕

编　委（按姓氏笔画排序）

　　　　王　牧　　王鼎盛　　朱邦芬　　刘寄星

　　　　邹振隆　　宋菲君　　张元仲　　张守著

　　　　张海澜　　张焕乔　　张维岩　　侯建国

　　　　侯晓远　　夏建白　　黄　涛　　解思深

现代物理基础丛书·典藏版

物理学前沿——问题与基础

王顺金 著

科学出版社
北 京

内 容 简 介

本书第一篇"物理学前沿问题",针对物理学常规研究前沿,简要介绍物理学各个主要分支的研究现状、前沿问题和发展趋势,包括物理学与高科技、凝聚态物理学与介观物理学,原子、分子物理学与光学,原子核物理学,基本粒子物理学与量子场论,广义相对论、天体物理学与宇宙学。对凝聚态物理学和原子、分子物理学与光学,强调了其新发现和新进展与21世纪高科技的密切联系;对原子核物理学、基本粒子物理学、广义相对论、天体物理学与宇宙学,则探讨了21世纪物理学基本理论可能面临的重大变革。此外,还简要地介绍了物理学与信息论,计算机科学,物理学与生物学的交叉,包括量子信息、量子通信与量子计算,生物物理学。最后,介绍了物理学的研究方法,物理学、数学与哲学的相互关系,以及21世纪物理学发展前景展望。本书对所讨论的问题提供了有用的数据与资料,包含了作者对物理学基本问题的观点和研究心得,以及对物理学发展前景的看法。

本书第二篇"物理学基础探讨",属于物理学非常规研究与探索,包含了作者对物理学基础问题的研究心得与初步成果。作者在这一部分中表述的观点和研究的成果,希望能起到抛砖引玉的作用。作者深信,当代物理学的基础正处于深刻变革的前夜,这一部分的内容反映了作者在新物理学黎明前的探索历程、艰辛与迷茫。这一部分专门针对对物理学基础问题特别有兴趣的专家学者和怀有科学使命感的年轻物理学家,其目的是吸引他们投身到潜心研究这些问题的伟大、艰巨而瑰丽的事业中来,为物理基础的变革和新物理学的建立做出贡献。

本书适合物理学各专业的研究生、本科高年级学生和研究人员阅读,对相邻学科的学生和研究人员也有参考价值。

图书在版编目(CIP)数据

物理学前沿:问题与基础/王顺金著. —北京:科学出版社,2013.6
(现代物理基础丛书·典藏版)
ISBN 978-7-03-037668-8

Ⅰ. ①物… Ⅱ. ①王… Ⅲ. ①物理学 Ⅳ. ①O4

中国版本图书馆 CIP 数据核字(2013) 第 117031 号

责任编辑:钱 俊 鲁永芳/责任校对:韩 杨
责任印制:赵 博/封面设计:陈 敬

科学出版社 出版
北京东黄城根北街 16 号
邮政编码:100717
http://www.sciencep.com

北京中石油彩色印刷有限责任公司印刷
科学出版社发行 各地新华书店经销
*
2013 年 6 月第一版 开本:B5(720×1000)
2025 年 1 月印 刷 印张:13 1/2
字数:247 000
定价:58.00 元
(如有印装质量问题,我社负责调换)

前　言

四川大学出版社于 2005 年出版了《物理学前沿问题》一书，当年两次印刷达 4500 多册，2007 年又应读者要求加印 2000 册。作者使用该书在四川大学、兰州大学、中国科学院近代物理研究所、西南交通大学等校所的研究生和年轻研究人员中讲授，收到良好的效果。全国 5500 多位物理学方面高校学生和相关科技人员购买并阅读了该书。八年来，该书在物理学教学和科研中发挥了作用。

鉴于上述情况，四川大学物理科学与技术学院龚敏院长和科学出版社钱俊编辑商议，建议作者修订该书，在科学出版社出版。作者响应了钱俊编辑的热情建议，并得到龚敏院长的大力支持，对该书进行了长达半年的修改扩充，写成目前的初稿。由于内容增补了若干篇作者关于物理学基础的研究论文，结构变化很大，该书更名为《物理学前沿 —— 问题与基础》。

本书第一篇"物理学前沿问题"，针对物理学常规研究前沿，简要介绍物理学各个主要分支的研究现状、前沿问题和发展趋势，包括物理学与高科技，凝聚态物理学与介观物理学，原子、分子物理学与光学，原子核物理学，基本粒子物理学与量子场论，广义相对论、天体物理学与宇宙学。对凝聚态物理学和原子、分子物理学与光学，强调了其新发现和新进展与 21 世纪高科技的密切联系；对原子核物理学、基本粒子物理学、广义相对论、天体物理学与宇宙学，则探讨了 21 世纪物理学基本理论可能面临的重大变革。此外，还简要地介绍了物理学与信息论，计算机科学，物理学与生物学的交叉，包括量子信息、量子通信与量子计算，生物物理学。最后，介绍了物理学的研究方法，物理学、数学与哲学的相互关系，以及 21 世纪物理学发展前景展望。本书对所讨论的问题提供了有用的数据与资料，包含了作者对物理学基本问题的观点和研究心得，以及对物理学发展前景的看法。

这一部分对物理学常规研究前沿问题介绍的目的是：①开阔研究生和大学本科高年级学生的物理学视野，使他们对物理学的各个前沿有一个初步的了解，以便于选择今后的研究或工作领域；②给学生今后的学习与研究提供一个向导；③激发学生对物理学，特别是对基础物理学和理论物理学的热情，鼓励他们从事物理学教学与研究，为发展中国和世界的物理学做出贡献。

本书第二篇"物理学基础探讨"，属于物理学非常规研究与探索，包含了作者对物理学基础问题的研究心得与初步成果。其主要宗旨是促进对物理学基本问题感兴趣的年轻读者对物理学基础的研究。研究的问题包括关于相对论和引力的思考，狭义相对论的客观物理与美学修饰，物理真空介质的超流性，守恒定律约束的真空量子涨落与量子纠缠和量子同步。作者在这一部分中表述的观点和研究的成果，希望能起到抛砖引玉的作用。作者深信，当代物理学的基础正处于深刻变革的前夜，这一部分的内容反映了作者在新物理学黎明前的艰辛探索历程：执著与坚持，兴奋与激动，迷茫与希望。这一部分专门针对对物理学基础问题特别有兴趣的专家学者和怀有科学使命感的年轻物理学家，其目的是吸引他们投身到潜心研究这些问题的瑰丽、伟大而艰巨的事业中来，为物理基础的变革和新物理学的建立做出贡献。

本书得以顺利出版，四川大学物理科学与技术学院龚敏院长是热情的支持者和有力的推手，而科学出版社钱俊编辑则是整个出版工作的策划者和组织者，作者对他们表示深深的感谢。作者还感谢国家自然科学基金委员会国家基础学科人才培养基金项目、四川大学物理科学与技术学院出版基金的支持。本书包含作者的研究成果，是在国家自然科学基金和教育部博士点基金的长期资助下取得的，在此表示感谢。

王顺金
2012 年 10 月于四川大学望江校区

《物理学前沿问题》前言

物理学研究自然界最深奥的规律，揭示出自然界最深层次的美。凡是喜欢对大自然寻根问底的人大都喜欢物理学。

物理学和数学一起奠定了自然科学的基础，又和各门自然科学一起成为现代技术的基础。20 世纪被人们誉为物理学的世纪。物理学很可能与信息科学和生物学一起分享 21 世纪。

物理学以她展示出的深奥的自然界之美和她对人类的无私奉献，获得人类的尊重，吸引众多学子为她献身，出现了像牛顿和爱因斯坦这样的千秋科学伟人，铸造了小至基本粒子大至宇宙的精确的、震撼人心的科学知识。

在商品经济大潮冲击的今天，选择物理学专业，从事物理学教学或研究，常常需要勇气和毅力：能忍受淡白清苦的生活和坚守单调辛劳的职业。所幸的是，热爱物理学的学子虽然少了，但却仍有人在坚持。这本书想告诉这些年青学子，物理学仍然是神圣美丽的殿堂，仍然值得你为她献身。

本书简要介绍了物理学各个主要分支的研究现状、前沿问题和发展趋势，包括物理学与高科技，凝聚态物理学与介观物理学，原子、分子物理学与光学，原子核物理学，基本粒子物理学与量子场论，广义相对论、天体物理学与宇宙学。对凝聚态物理学和原子、分子物理学与光学，强调了其新发现和新进展与 21 世纪高科技的密切联系；对原子核物理学、基本粒子物理学、广义相对论、天体物理学与宇宙学，则探讨了 21 世纪物理学基本理论可能面临的重大变革。此外，还简要地介绍了物理学与信息论和计算机科学，物理学与生物学的交叉，包括量子信息、量子通信与量子计算，生物物理学。最后，介绍了物理学的研究方法，物理学、数学与哲学的相互关系，以及 21 世纪物理学的发展前景。本书对所讨论的问题提供了有用的数据与资料，包含了作者对物理学基本问题的观点和研究心得，以及对物理学发展前景的看法。

本书的目的是：①开阔研究生和大学本科高年级学生的物理学视野，使他们对物理学的各个前沿有一个初步的了解，以便于选择今后的研究或工作领域；②给他们今后的学习与研究提供一个向导；③激发学生对物理学，特别是对基础物理学和理论物理学的热情，鼓励他们从事物理学教学与研究，为发展中国和世界的物理学做出贡献。

本书适合物理学各专业的研究生、本科高年级学生和研究人员阅读，对相邻学科的学生和研究人员也有参考价值。

本书凝聚了作者的亲人、同事和学生的心血和劳动。我的妻子郭开惠始终热情、耐心地支持我的教学、科研工作，她在繁忙的教学工作之余，帮助我录入了许多章节；学生们对各章节提出了许多好的改进意见，并帮助绘制图表，校对全书；四川大学研究生院、物理科学与技术学院和物理系的领导对本书的出版给予了热情地关心、帮助和支持；四川大学出版社则热情、细致地组织了出版工作。我在此对他们表示深切地感谢。

　　由于作者水平有限，本书的不妥之处在所难免，望读者不吝指出。

王顺金
2004 年 8 月于四川大学望江校区

目 录

前言

《物理学前沿问题》前言

第一篇 物理学前沿问题

第 1 章 物理学与高科技 ·3
- 1.1 21 世纪的高科技与知识经济 ·3
  - 1.1.1 知识经济时代 ·3
  - 1.1.2 支撑知识经济的高科技 ·3
  - 1.1.3 21 世纪的高科技需要教育去培育 ·4
- 1.2 21 世纪的高科技与物理学 ·4
  - 1.2.1 20 世纪的高科技与物理学 ·4
  - 1.2.2 21 世纪的高科技与物理学 ·5
  - 1.2.3 21 世纪的物理学家的责任 ·6
- 1.3 21 世纪的物理学的前景与可能面临的变革 ·6
  - 1.3.1 20 世纪的物理学的现状与发展趋势 ·6
  - 1.3.2 21 世纪的物理学的前景与可能面临的变革 ·7
  - 1.3.3 21 世纪的物理学家将要面临的挑战与机遇 ·8
- 1.4 大学本科的物理学和数学的知识结构 ·8
- 参考文献 ·10

第 2 章 凝聚态物理学与介观物理学 ·11
- 2.1 凝聚态物理学的现状 ·11
  - 2.1.1 凝聚态 ·11
  - 2.1.2 凝聚态物理学 ·11
  - 2.1.3 凝聚态理论 ·11
  - 2.1.4 凝聚态物理学的基本概念 ·12
- 2.2 新有序相 ·15
  - 2.2.1 金属氢 ·15
  - 2.2.2 重电子金属 ·15
  - 2.2.3 氧化物高温超导体 ·16

  2.2.4 $C_{60}(C_{70})$ ·· 20
  2.2.5   维格纳晶体 ·· 21
  2.2.6   金属多层膜(超晶格) ···································· 21
  2.2.7   拓扑相 ·· 21
  2.2.8   拓扑绝缘体 ·· 21
  2.2.9   石墨烯 ·· 22
2.3   低维系统与小系统：介观物理与表面物理、团簇物理与纳米科技 ···· 24
  2.3.1   量子霍尔效应 ·· 24
  2.3.2   表面物理学 ·· 25
  2.3.3   准一维系统与有机链状分子 ························· 27
  2.3.4   零维体系与介观系统 ································· 28
  2.3.5   纳米颗粒与纳米科技 ································· 33
  2.3.6   自旋电子学 ·· 35
2.4   等离子体物理学与核聚变 ·· 35
  2.4.1   等离子体物理的基本问题 ··························· 35
  2.4.2   等离子体物理新的研究领域 ······················· 35
  2.4.3   聚变等离子体物理 ···································· 35
  2.4.4   空间和天体等离子体物理 ··························· 35
  2.4.5   低温等离子体物理与技术 ··························· 36
2.5   人造系统：超晶格、准晶格与人造原子 ····················· 36
  2.5.1   超晶格 ·· 36
  2.5.2   准晶格 ·· 36
  2.5.3   人造原子 ·· 37
  2.5.4   固体或液体环境中的原子、分子 ··················· 37
2.6   极端条件下的凝聚态物理学 ····································· 37
  2.6.1   高温高压下的凝聚态 ································· 37
  2.6.2   超强电磁场中的凝聚态 ····························· 37
2.7   复杂性与自组织 ··· 37
  2.7.1   复杂性与复杂性科学 ································· 37
  2.7.2   自组织与耗散结构 ···································· 39
  2.7.3   生物凝聚态 ·· 40
  2.7.4   非平衡态物理学 ······································· 40
  2.7.5   软凝聚态物理 ·· 40

参考文献 ··· 41

第 3 章 原子、分子物理学与光学 ··· 42
3.1 引言 ·· 42
3.2 原子结构与原子动力学 ··· 42
3.2.1 原子结构 ·· 43
3.2.2 原子动力学 ··· 43
3.2.3 近期发展 ·· 44
3.3 高精度测量与基本定律的检验 ·· 44
3.3.1 高精度测量 ··· 44
3.3.2 对基本定律 (如弱电统一理论) 的检验 ···················· 45
3.4 分子结构与分子动力学 ··· 45
3.4.1 分子结构 ·· 45
3.4.2 分子碰撞和反应动力学 ·· 46
3.5 介质环境中的原子和分子 ·· 47
3.5.1 固体中的杂质原子 ··· 47
3.5.2 液体 (水) 中的杂质分子 ······································· 47
3.6 原子的控制与操纵 —— 分子剪切与原子组装 ···················· 47
3.6.1 控制和操纵的手段 ··· 47
3.6.2 控制和操纵原子的类型 ·· 48
3.6.3 实例 (图 3-2～图 3-11) ·· 48
3.7 光学 ··· 51
3.7.1 现代光学 ·· 51
3.7.2 光学的主要分支学科 ··· 52
3.7.3 电磁场引起的透明 ··· 53
参考文献 ·· 54

第 4 章 原子核物理学 ··· 55
4.1 引言 ·· 55
4.2 低能原子核物理学:结构与反应、裂变与衰变问题 ·············· 56
4.2.1 作为质子、中子组成的强作用系统的原子核 ············· 56
4.2.2 低能核物理学有结构、反应与衰变三方面的问题 ······· 57
4.3 放射性核与超重核 ·· 58
4.3.1 核物理在广度和深度两方面面临着巨大变革 ············· 58
4.3.2 在广度方面的挑战与机遇:放射性束流核物理开创的新天地 ····· 59
4.4 中高能原子核物理学 ··· 61
4.4.1 核内介子、超子自由度 ·· 61
4.4.2 核内夸克自由度和夸克–胶子等离子体 ···················· 62

        4.4.3 在深度上的变革：基于 QCD 的核物理深入到夸克层次 ·············· 62
        4.4.4 发展基于 QCD 的核物理的有利条件 ························· 63
    4.5 天体核物理学 —— 宇宙元素的合成及其丰度 ························· 64
        4.5.1 从大爆炸到宇宙原初核的产生与合成：终止于氦 ·············· 64
        4.5.2 太阳等恒星的核燃烧与平稳的核合成 ······················· 65
        4.5.3 超新星爆发与爆发式核合成 ······························ 65
        4.5.4 宇宙化学元素的形成、演化与丰度 ························· 65
    参考文献 ··· 65
第 5 章 基本粒子物理学与量子场论 ·· 66
    5.1 基本粒子物理学的现状与成就 ······································· 66
        5.1.1 基本粒子物理学的重大发现 ······························ 66
        5.1.2 组成物质的基本粒子 ··································· 67
        5.1.3 基本粒子的相互作用 ··································· 68
        5.1.4 基本粒子物理学和量子场论的内容 ························ 70
        5.1.5 基本粒子标准模型的成就 ······························· 71
    5.2 基本粒子标准模型的基本问题 ······································· 71
    5.3 引力的统一与超弦 ·· 74
        5.3.1 弦理论的历史 ·· 74
        5.3.2 超弦理论的需要 ······································ 75
        5.3.3 超弦 ·· 75
        5.3.4 M 理论 ··· 76
        5.3.5 对万有理论的理解 ···································· 76
    5.4 粒子物理学与核物理学的交叉 ······································· 76
    5.5 粒子物理学与天体物理学和宇宙学的关联 ······························ 77
    参考文献 ··· 77
第 6 章 广义相对论、天体物理学与宇宙学 ·································· 78
    6.1 宇宙的层次结构 ·· 78
        6.1.1 天体的层次结构 ······································ 78
        6.1.2 太阳和恒星 ·· 78
        6.1.3 致密天体：白矮星、脉冲星和中子星 ······················· 81
        6.1.4 星际物质 ·· 82
        6.1.5 星系：银河系与河外星系 ······························· 83
        6.1.6 宇宙 ··· 86
    6.2 黑洞与类星体 ·· 87
        6.2.1 黑洞 ··· 87

		6.2.2 类星体 · 88

- 6.3 广义相对论与 (经典) 宇宙学模型 · 90
  - 6.3.1 现代宇宙学的四大基石 · 90
  - 6.3.2 宇宙的重要数据 · 92
  - 6.3.3 宇宙学原理 · 93
  - 6.3.4 广义相对论与标准宇宙模型 · 93
- 6.4 大爆炸 (量子) 宇宙学 · 95
- 6.5 宇宙的加速膨胀与暗物质、暗能量 · 96
  - 6.5.1 暗物质 · 96
  - 6.5.2 宇宙加速膨胀与暗能量 · 97
- 6.6 天体物理学问题：宇宙学问题与粒子物理学问题的关联 · · · · · · · · · · · · · · 99
- 参考文献 · 99

第 7 章　量子信息、量子通信与量子计算 · 100

- 7.1 量子力学简介 · 100
  - 7.1.1 量子力学基本原理 · 100
  - 7.1.2 量子力学的特点 · 102
  - 7.1.3 纯态与混合态 · 103
- 7.2 量子力学与信息论 · 106
  - 7.2.1 自然界和社会的三大要素 · 106
  - 7.2.2 信息论 · 106
  - 7.2.3 信息论与物理学 · 106
  - 7.2.4 经典信息论与量子信息论 · 107
  - 7.2.5 量子计算与量子通信 · 107
  - 7.2.6 量子计算与量子通信的优点和必要性 · 107
  - 7.2.7 量子信息学与量子计算已取得的成绩 · 107
- 7.3 量子信息 · 108
  - 7.3.1 量子纠缠 · 108
  - 7.3.2 量子编码 · 110
  - 7.3.3 量子信息 · 110
  - 7.3.4 量子信息的特征 · 110
- 7.4 量子通信 · 111
  - 7.4.1 量子位 · 111
  - 7.4.2 量子逻辑门 · 112
  - 7.4.3 量子通信 · 114
- 7.5 量子噪声与量子运算 (操作) · 115

7.5.1 密度矩阵量子态 ρ 的变化 ·················115
　　7.5.2 量子态变化的一般描述 ·················116
7.6 量子计算 ·················119
　　7.6.1 量子计算与经典计算 ·················119
　　7.6.2 几种量子算法 ·················121
　　7.6.3 量子纠错 ·················121
7.7 量子计算的物理实现——量子计算机 ·················121
　　7.7.1 量子计算机模型 ·················121
　　7.7.2 量子计算机的物理实现 ·················124
　　7.7.3 量子计算机的困难 ·················124
　　7.7.4 对量子通信和量子计算机的展望 ·················125
7.8 量子信息和量子通信提出的量子论的基本问题 ·················125
参考文献 ·················125

第 8 章 生物物理学 ·················127
8.1 生物物理学的产生与发展 ·················127
　　8.1.1 生物物理学 ·················127
　　8.1.2 生物物理学的产生与发展 ·················127
　　8.1.3 生物物理学的主要研究内容 ·················128
　　8.1.4 生物物理学发展的主要特征 ·················128
　　8.1.5 必要的知识 ·················128
8.2 生物物理学的主要研究内容 ·················130
　　8.2.1 分子生物物理学 ·················130
　　8.2.2 膜与细胞生物物理学 ·················131
　　8.2.3 感官与神经生物物理学 ·················132
　　8.2.4 生物控制论与生物信息论 ·················133
　　8.2.5 理论生物物理学 ·················133
　　8.2.6 光生物物理学 ·················135
　　8.2.7 自由基与环境辐射的生物物理学 ·················136
　　8.2.8 生物力学与生物流变学 ·················138
　　8.2.9 生物物理学技术 ·················138
8.3 生物系统与生态系统：生物系统的层次性与复杂性 ·················139
　　8.3.1 生命是非平衡系统的一个过程，而非一种物质状态 ·················139
　　8.3.2 生命是一个复杂的瞬态过程 ·················140
　　8.3.3 生命有复杂的层次结构——从生物分子到生物系统和生态系统 ·················140
8.4 生物信息学 ·················140

8.5　讨论与展望 · 141
　　参考文献 · 141
第 9 章　结语——21 世纪的物理学 · 142
　　9.1　21 世纪物理学面临的变革 · 142
　　　　9.1.1　物理学基本理论——粒子物理学和宇宙论在纵深方面的深刻变革 · · · 142
　　　　9.1.2　多粒子系统物理学和复杂系统物理学在横向方面的重大进展 · · · 142
　　　　9.1.3　交叉学科的兴起与新发现 · 143
　　　　9.1.4　对高科技的巨大促进 · 143
　　9.2　物理学的研究方法 · 143
　　9.3　21 世纪中国的物理学 · 144
　　　　9.3.1　21 世纪中国物理学 (中期) 前景的预期 (部分) · · · · · · · · · · · · · · 144
　　　　9.3.2　中国发展物理学的策略 · 144
　　　　9.3.3　21 世纪中国物理学家的责任 · 145
　　参考文献 · 145
第 10 章　物理前沿问题讨论 · 146

第二篇　物理学基础探讨

第 11 章　关于相对论和引力的思考 · 151
　　参考文献 · 163
第 12 章　狭义相对论的客观物理与美学修饰 · 164
　　12.1　引言 · 164
　　12.2　时空几何的物理基础 · 165
　　12.3　光速不变性的物理基础 · 166
　　12.4　洛伦兹时空几何的客观物理成分与美学修饰成分 · · · · · · · · · · · · · · · · · · 168
　　12.5　运动学和动力学的相对性原理的物理基础与物理内涵 · · · · · · · · · · · · · 172
　　12.6　结论 · 175
　　参考文献 · 176
第 13 章　物理真空介质的超流性 · 177
　　13.1　摘要 · 177
　　13.2　正文 · 177
　　参考文献 · 181
第 14 章　守恒定律约束的真空量子涨落与量子纠缠和量子同步 · · · · · · · · · · · 182
　　14.1　量子纠缠 · 182
　　14.2　对宏观量子纠缠形成机理的设想 · 183

14.3 次微观时空中量子涨落的描述：两个示例 ·········· 184
14.4 次微观量子涨落动力学 ························· 187
14.5 守恒定律与量子涨落关联和量子纠缠的关系的深入分析 ·········· 191
14.6 可引出的物理结论 ···························· 193
14.7 量子涨落的整体性和对宏观量子纠缠的质疑 ·········· 193
14.8 结语 ······································· 195
参考文献 ··· 196

第一篇
物理学前沿问题

第一篇

柴油机的经济性

第1章 物理学与高科技

本书的目的,是给物理学研究生和本科高年级学生介绍 20 世纪物理学发展的概貌、21 世纪物理学发展的趋势和某些前沿研究领域,唤起他们对物理学的兴趣和爱好,使他们认识物理学家的社会责任与科学使命以及当代物理学家所面临的挑战与机遇;鼓励他们热爱物理学,学好物理学,献身物理学,将来为物理学和高科技的发展做出贡献。

1.1 21 世纪的高科技与知识经济

科学技术与社会经济密切相关,物理学更是如此。因此,对物理学发展的前沿问题的讨论,应当放在社会经济发展的背景下来考察。

1.1.1 知识经济时代

人类社会大体经历了三个经济时代。

(1) 漫长低级的农业经济时代。这一时代的持续时间大体是公元前 5000 年至公元 16 世纪。其特点是:社会经济主要是依赖自然界的养殖业与农业;生产力低下,经济的区域性强;社会生产对自然环境的破坏小,人与自然和谐的发展。这一经济时代的成就是造就了古代文明。

(2) 高速增长的工业经济时代。这一时代的持续时间是 17~20 世纪。其特点是:社会经济以蒸汽机、内燃机、电力为动力,以机械工业为骨干,以自然资源为原料;生产力高度发展,生产社会化与全球化的程度很高;社会生产对环境的破坏很大。这一经济时代的成就是造就了现代文明。

(3) 科学合理的知识经济时代。这一时代可以认为从 21 世纪正式开始。其特点是:整个社会的生活和生产均以知识为基础,科技知识和人文知识及其相应的信息支撑着社会经济生活中的生产、流通、管理、分配、消费等各个环节;劳动者熟练地运用高科技知识,知识本身成为产品和商品;自然资源得到合理的利用,生产和经济保持可持续发展;生产和经济真正实现全球化;在社会生产和生活中,强调对地球环境的保护,实现社会、人与自然的和谐发展。

1.1.2 支撑知识经济的高科技

以知识为基础的经济,需要高科技的支撑。从近期和可预见的未来看,以下高科技将对知识经济的形成和发展起比较大的作用。

(1) 信息科技：知识经济的发展将伴随着社会信息化时代的到来，而社会信息化是以计算机技术、数字技术、通信技术和网络技术为基础的，所有上述技术都是以物理学和数学等自然科学为基础的。

(2) 生物科技与基因工程：知识经济的另一个特点将是生物科技与基因工程在社会经济、人类生产与生活、保健和医疗以及环境保护等方面发挥空前重要的作用，其中转基因技术与克隆技术将对人类的生活产生难以想象的影响。

(3) 微米机电系统 (MEMS) 与纳米机电系统 (NEMS)：作为人类的肢体、感官和思维的延伸的机械工业，正朝着小型化和集成化的方向发展，微米机电系统与纳米机电系统将把机器的感觉功能、分析功能和执行操作功能集成为一体，在微米甚至纳米的尺度上制造具有复杂功能的机器，为人类完成各种各样难以想象的任务。这些小巧的智能机器是数学、物理、化学、材料、机械、电子与计算机、信息与通信等科学技术相互渗透、综合与融合的产物。

(4) 人造功能材料：人类将结束依靠自然界恩赐的天然材料的时代，凭着自己的聪明才智和创造能力，在物理学、化学、生物学、材料科学和计算机科学等科学技术的指导下，按照自己的需要设计和制造自然界所没有的具有多种功能的新型材料。

(5) 宇航科技：知识经济将孕育空前发达的宇航科技，使人类向广阔宇宙进军和普通人傲游太空的梦想成为现实。宇航科技显然是建立在数学、物理、天体物理、化学、机械、电子与计算机、材料、通信、生物与医学等科学技术基础之上的。

1.1.3　21 世纪的高科技需要教育去培育

21 世纪的高科技需要长期的、全面的和全民的教育去培育，这就要求普及中等教育与高等教育，加强职业技术教育和终身教育，在此基础上实现基础研究、应用研究和技术开发的创新，为高科技和知识经济的发展提供坚实的科技支撑和丰富的人力资源。

1.2　21 世纪的高科技与物理学

1.2.1　20 世纪的高科技与物理学

对于 20 世纪的物理学与社会的关系，人们形成了以下共识：20 世纪是物理学的世纪。这一共识来自于有目共睹的物理学对高科技的影响和对提高社会生活品质的贡献。

1. 基于相对论和量子论的物理学的各个分支学科的发展产生了 20 世纪的新技术

核物理与粒子物理导致原子弹和氢弹的出现，以及核能和核技术的发展；半导体物理导致晶体管、芯片、集成电路、计算机的出现，以及信息与通信技术的发展；量子光学是激光技术、光学通信、光学工程的科学基础；原子分子物理、材料科学、量子化学导致人工新材料的合成；广义相对论、天体物理学与宇宙学是宇航科技的科学基础，导致新的宇宙观的形成。

2. 20 世纪的物理学促进了其他科学的发展

(1) 化学：物理学促进了量子化学、化学热力学和化学反应动力学的发展；物理学的方法、仪器与探测技术在化学中得到了广泛的应用，使化学研究发生了质的飞跃。

(2) 生物学：物理学与生物学结合，产生了生物物理学、量子生物学等交叉学科；物理学的方法、仪器与探测技术在生物学中得到了广泛的应用，使生物学逐步成为精密的、定量的科学。

(3) 数学：广义相对论、量子论促进了非欧几何、泛函分析和希尔伯特空间理论、微分几何与纤维丛理论、拓扑学、量子群、非对易几何等数学分支的发展，计算机的出现还使机器证题和计算数学得到空前发展。

1.2.2 21 世纪的高科技与物理学

1. 21 世纪物理学的地位

21 世纪物理学的地位应从两方面考察。

1) 物理学在自然科学群体中的地位

这是由自然科学群体的知识结构决定的，是长期的、稳定的。在自然科学群体中，物理学处于基础和领导地位。这一观点会招致来自其他学科的争议。对这些争议的回答是：

(1) 对于数学，数学本身不能回答其自身的数学形式逻辑体系的客观真实性问题，数学形式体系的客观真实性要靠物理学去认证；数学的发展有两个动力，即数学内部逻辑发展的动力和外部的物理学等学科的需要与直观的动力。正是这种外部物理学的需要与直观的动力，使 Witten 和 Donaldson 发展了现代数学，并因此获得了菲尔兹奖；而量子论导致非对易几何学的出现，超弦理论则产生了新的数学。然而，数学像语言一样是伟大的，她作为定量的语言是人类进行交流和表达思维的工具，而对于现代科学技术，她更是不可或缺的工具。

(2) 对于化学，量子力学和统计热力学是表述化学定律的基础，现代化学则在理论上离不开量子力学，在实验上离不开现代物理学测量技术。

(3) 对于生物学,量子力学和量子统计是在分子层次上认识生命现象的基础;生物物理学使生物学更定量、更精确;物理学的方法、仪器与探测技术在生物学中的广泛应用,使生物学逐渐成为精密的、定量的科学。

综上所述,物理学在自然科学群体中的基础和领导地位是长期的、不可否认的。

2) 物理学在社会上的地位

物理学在社会上的地位是由物理学对社会的贡献决定的,而且是物理学对社会的新的贡献决定了她的现实社会地位,这一地位是变化的。物理学的社会地位主要指政府和民众对物理学的重视程度(在物质上、精神上对物理学和物理学家的支持)。

21世纪是生物学的世纪?信息的世纪?物理学的世纪?或者是三者共享的世纪?

2. 21世纪的高科技与物理学

预期21世纪的高科技与物理学有如下的对应与关联:

预期的高科技	与之关联的物理学及其交叉科学
信息技术	介观物理、量子信息
聚变能源	等离子体物理、强激光物理
功能材料制造	原子分子物理、凝聚态物理
MEMS、NEMS	纳米科技、介观物理
基因工程	量子化学、量子生物
宇航与太空开发	相对论、天体物理

1.2.3　21世纪的物理学家的责任

21世纪的物理学家对科技发展的社会责任,主要包括:

(1) 为知识经济所需的高科技提供物理学支撑,注重与物理学有关的新技术的开发;

(2) 在物理学基础研究和应用研究中创新;

(3) 注重物理学与其他学科的交叉发展。

1.3　21世纪的物理学的前景与可能面临的变革

1.3.1　20世纪的物理学的现状与发展趋势

为了考察21世纪物理学的发展前景,对20世纪的物理学的现状与发展趋势做一个简要的描绘是有益的,表 1-1 提供了一个可能的估计。

表 1-1 当前物理学的现状与发展趋势

成熟的	发展中的	趋势
相对论(狭义与广义)	超引力	量子引力
量子力学	调控系统的量子力学 量子信息与量子计算	测量的量子理论、量子论基础、宏观纠缠本质
量子场论与粒子物理 (标准模型)	大统一理论	四种力的统一(超弦?)
常规核物理	极端条件下核物理	基于 QCD 的核物理
常规凝聚态物理	极端条件下的凝聚态物理 介观物理、团簇物理	基于 QED 的凝聚态物理 成熟的介观物理、团簇物理
常规原子分子物理	极端条件下的原子分子物理	基于 QED 的原子分子物理
大爆炸宇宙学	标准宇宙模型的发展	量子宇宙学(超弦?)

1.3.2 21 世纪的物理学的前景与可能面临的变革

目前,人们对物理学发展前景有两种看法。

(1) 悲观的看法:认为人类对物理学基本规律的认识已经完成,基础物理学的发展终结了。

(2) 乐观的看法:认为现代物理学仍然是不完备的,物理学的内在矛盾 (相对论与量子论的矛盾) 和宇宙学的新的观测数据 (微波背景、暗物质和暗能量) 表明,21 世纪的物理学需要而且必然面临又一次深刻的变革。

J. 霍根在《科学的终结》一书得出的 "物理学以及自然科学终结" 的结论,是悲观看法的典型代表,其论点如下:

(1) 基于相对论和量子论的标准模型的建立标志着物理学的终结。

(2) 化学只不过是原子、分子的量子力学,物理学的终结意味着化学的终结。

(3) 基于广义相对论和粒子物理的大爆炸宇宙论的建立标志着宇宙学的终结。

(4) 基于基因和分子水平的进化论和 DNA 双螺旋结构的发现标志着生物学的终结。

(5) 各门自然科学的发展受阻、减速,是科学老化、行将终结的表现;基本规律的应用和生产技术会有大发展,但关于基本规律的科学终结了。

对上述观点的评论构成乐观看法的基本论点:

(1) 标准模型揭示了基本粒子现有层次的基本规律,标准模型的缺陷和内在矛盾暗示着物质下一更深层次及其基本规律的存在;对称性的丢失、夸克禁闭、基本粒子的三代以及质量和电荷的起源等问题,只能由更深层次的理论来解决。

(2) 大爆炸宇宙论并不是完备的,类星体、暗物质与暗能量以及黑洞内部的性质,仍不能解释。

(3) 分子进化论和 DNA 双螺旋结构并未穷尽生物学的基本规律，遗传密码及其表达以及神经活动的基本规律仍未揭示出来。

(4) 自然界有纵深层次的规律，也有横向 (多体复杂系统) 的规律，由于物质及其运动层次的无限性，这两方面的基本规律形成无限的序列。

(5) 就现有物质层次而言，相对论和量子论只揭示了基本规律的 2/3，另一基本规律仍有待人们去揭示，这同样是激动人心的。

基本物理常数与基本理论的对应预示着物理学基本理论将面临重大变革。

(1) 光速 c 导致相对论：导致宏观时空观的变革 (暗能量的发现预示着宇观时空理论的变革)。

(2) 普朗克常量 $\hbar$ 导致量子论：导致微观运动学的变革 (并要求建立微观时空理论)。

基本物理常数的完备性要求另一基本物理常数和另一基本理论。

(3) 基本长度 (质量)$l(m_0)$ 导致什么理论？导致量子论的完备性？导致引力-时空的量子统计理论？

总之，21 世纪物理学基本理论面临重大变革！

1.3.3　21 世纪的物理学家将要面临的挑战与机遇

21 世纪的物理学家将要面临两个方面的挑战与机遇：

(1) 知识经济中的高科技提出的物理科技问题。

(2) 物理学基本理论面临重大变革。

1.4　大学本科的物理学和数学的知识结构

作为物理学科的研究生和本科生，了解大学本科的物理学和数学的知识结构，对于主动规划自己的学习是有益的。大学本科的物理学和数学的知识结构可以总结如表 1-2 所示。

上述课程的基本内容及其相互配合与相互联系如下：

(1) 普通物理学侧重于经典物理的实验现象与实验定律的讲授，而四大力学则侧重于量子物理和物理定律的理论表述。①力学通过机械运动揭示出能量-动量守恒这一普遍定律，力学定律的牛顿形式是能量-动量守恒定律的微分形式；而经典 (理论) 力学运用微积分等数学分析工具提高与发展了牛顿力学，建立了力学的理论体系和力学定律更普遍的各种形式 (哈密顿-泊松形式、哈密顿-雅可比形式、拉格朗日形式等)。牛顿力学是非相对论的，其相对论化成为相对论力学；相对论描述了宏观真空背景对尺、钟的影响，把平稳真空背景的尺钟效应及其共轭的运动学效应带进了物理学。②热力学介绍了温度、能量守恒、熵增加、真空零点运动等宏观

热力学量 (函数) 与热力学定律，而统计力学则从力学定律和统计系综出发，从微观上阐明了这些定律。③电磁学用积分的形式介绍了电荷产生电场、运动电荷 (变化的电场) 激发磁场、变化的磁场激发电场等电磁规律，而电动力学则用麦克斯韦偏微分方程的形式统一、概括了这些定律，给出了电磁定律的微分形式，统一了电磁学与光学。电动力学和麦克斯韦方程本身就是相对论性的。④量子力学讲述了微观世界的全新的力学，量子化规则和原理把经典力学变成量子力学；量子化和全同性原理把经典统计变成量子统计，把经典场论变成量子场论。量子化原理把真空白噪涨落效应带进了物理学。量子场论概括了真空背景的两种效应，平稳真空的尺钟效应和真空白噪涨落的量子效应。

表 1-2　大学本科物理学和数学的知识结构

		经典物理	现代物理	教学目标
物理	普通物理	力学与声学 热学 电磁学与光学 相对论	原子与核和基本粒子	侧重经典与实验物理
	四大力学	经典力学 热力学与统计力学 电动力学	量子力学 量子统计 量子场论 核理论与粒子理论	侧重量子与理论物理

		经典数学	现代数学	教学目标
数学	高等数学	初等函数论 线性代数 解析几何 微积分		为普通物理学服务
	数学物理方法	复变函数 数理方程 特殊函数	广义函数与泛函分析 近世代数与群论 微分几何、纤维丛、拓扑学	为四大力学和理论物理学服务

(2) 高等数学主要是为普通物理服务的，数学物理方法则主要是为四大力学服务的。①波的振幅和相位的独立性，要求用复函数描述，复变函数和解析函数是描述物理定律特别是量子定律的需要；②统计力学的热传导方程、电动力学的麦克斯韦方程、量子力学的薛定谔方程等数学物理偏微分方程的求解，产生了特殊函数。

大学本科课程提供了最基本的物理学和数学基础理论知识，但尚未深入到物理学的各个分支，更未达到物理学研究的前沿。研究生教育则要求深入到物理学各个分支，达到物理学的研究前沿。

设置本课程的目的是尽可能全面地介绍物理学研究前沿的基本轮廓。

参 考 文 献

[1] 路甬祥. 创新与未来：面向知识经济时代的国家创新体系. 北京：科学出版社，1998
[2] 张礼. 近代物理学进展. 北京：清华大学出版社，1997
[3] Black P, Drake G, Jossem L. 物理 2000：进入新千年的物理学. 赵凯华，等译. 北京：北京大学出版社，2000
[4] 霍根 J. 科学的终结. 呼和浩特：远方出版社，1997
[5] 美国国家科学院. 科学前沿：第 I, II 卷. 国家自然科学基金委员会，1993
[6] 21 世纪 100 个科学难题编写组. 21 世纪 100 个科学难题. 长春：吉林人民出版社，1998
[7] 王顺金. 高等量子论与量子多体理论. 成都：四川大学出版社，2005；王顺金. 物理学前沿问题. 成都：四川大学出版社，2005
[8] 王顺金. 量子多体理论与运动模式动力学. 北京：科学出版社，2013

第 2 章 凝聚态物理学与介观物理学

凝聚态物理学是物理学中最大的分支学科,也是与高科技和日常生活关系最为密切的物理学领域。凝聚态物理学是物理学中历史悠久的学科,也是蓬勃发展、充满生机、不断有新发现、不断出现新的分支和交叉学科的领域。凝聚态物理学是固体物理学的发展和延伸,它包含许多分支和丰富多彩的内容。

2.1 凝聚态物理学的现状

2.1.1 凝聚态

凝聚态是粒子数 N 大于阿伏伽德罗常量 ($N > 10^{23}$) 的原子、分子、离子集合体的总称,包括以下三方面。

(1) 固体:晶体、准晶体、非晶体都属于固体,其特点是原子 (离子、分子) 之间有固定的平衡位置,由相互作用凝聚成整体,密度较大。

(2) 液体:包括常规液体和有序液体 (液晶),其特点是原子 (离子、分子) 之间在一定范围内可以相对运动 (流动),但相互作用把它们凝聚成整体,密度中等。

(3) 气体:包括中性气体和电离气体 (等离子体),其特点是粒子之间有很大的距离,可自由运动,靠外场或容器的约束而非靠粒子间的相互作用形成凝聚体。

2.1.2 凝聚态物理学

凝聚态物理学是研究凝聚态的电磁、光学、热学、力学等性质,揭示其规律并加以利用,创造和利用新的凝聚态的科学。

2.1.3 凝聚态理论

凝聚态理论用基于量子电动力学 (QED) 或其等效理论的量子多体理论计算凝聚态的电磁、光学、热学、力学等性质,揭示其规律,从而设计具有所需性质的新的凝聚态。

凝聚态理论的发展经历了气体分子运动论、费米气体理论、液体理论 (费米,朗道)、流体动力学、固体量子论,并最终进入了凝聚态理论的现阶段,其中以固体量子论和晶体量子论最为成熟。下面对晶体量子论作简要介绍。

晶体量子论:具有周期性点阵结构的固体称为晶体,晶体量子论研究各种波在具有周期性点阵结构的固体——晶体中的传播规律,包括:

(1) 弹性波在晶体周期点阵中的传播规律,即晶格动力学;声波在晶体周期点阵中的传播规律,即声子晶体的性质。

(2) X 射线电磁波在晶体周期点阵中的传播规律,即 X 射线衍射动力学;光波在晶体周期点阵中的传播规律,即光子晶体的性质。

(3) 电子物质波在晶体周期点阵中的传播规律,即电子能带论。

晶体量子论的发展在以下四个方面扩展。

(1) 从有序晶体到无序晶体。研究各种波在超晶格、准晶体和无序系统 (包含很多杂质的晶体) 中的传播。

(2) 从三维系统到低维系统。研究各种波在二维量子阱、一维量子线和零维量子点中的传播。

(3) 从大系统到小系统。研究电子波在团簇 (如 C_{60}) 和介观环等介观系统中的运动。

(4) 从固体到一般凝聚态 (如液晶、等离子体、软凝聚态等)。

2.1.4 凝聚态物理学的基本概念

凝聚态物理学的发展与这一领域的科学大师的贡献分不开,其中朗道和安德森的贡献对凝聚态物理学的发展起着特别重要的作用。他们的研究成果体现在凝聚态物理学的基本概念和基本理论之中。朗道发展了二级相变、超导、超流、费米液体、序参量、对称性破缺、元激发等基本概念与理论。安德森在无序系理论、杂质磁性理论、软膜相变、约瑟夫森效应、超流、对称破缺、元激发、广义刚度、缺陷、标度性、重整化群等方面作出了重要贡献。L.D. 朗道因凝聚态理论和液氦超流理论研究获 1962 年诺贝尔物理学奖。P.W. 安德森、N. 莫特和 J. 范弗莱克因磁性和无序系统电子结构理论研究获 1977 年诺贝尔物理学奖。

下面介绍凝聚态物理的一些基本概念,它们是学习凝聚态物理的基础。

1. 能带与化学键

能带与化学键体现了固体物理学与化学的联系。

能带:价电子为整个固体共有 (这类价电子称为巡游电子,具有很强的非定域性)。

化学键:价电子定域在它们所属的临近原子之间。

窄能带:表现出价电子的定域性–非定域性的相互作用与交织 (包含新物理)。

2. 相与序参量

相体现了物质结构的某种有序性,故称有序相,用不等于零的序参量来描述。序参量是相互作用或统计法则导致的粒子之间的长程关联。

表 2-1 所示是一些固体的相及其相应的序参量的例子。

表 2-1　固体的相及序参量

固体的相	序的名称	序参量
晶体	点阵序	晶格常数 a_i
磁性	自旋序	磁矩 $\langle S \rangle$
超导体	能隙序	能隙 $\Delta \neq 0$
无序相	无序	序参量 $=0$

3. 相变与对称性破缺

相变与对称性破缺相联系，这是相变的深刻而准确的物理与数学描述，这种描述体现了凝聚态物理学与粒子物理学的深刻联系。对称性破缺指从高对称性到低对称性的转变，其逆过程是对称性的恢复。下面是有序相与对称性的例子。①高对称相：水、球体、均匀系 (非晶体，无磁性)；② 低对称相：冰、椭球、非均匀系 (晶体，磁性)。

相变：由于宏观条件改变引起的对称性的转变，即对称性的破缺 (高 → 低) 与恢复 (低 → 高)。

临界现象：是对称性转变的相变过程中出现的现象，其间存在着剧烈的涨落。伴随着旧的长程关联和序的破坏以及新的长程关联和序的建立，其间存在相应的相变过程中的普适定律 (如标度律) 与临界指数，发生某些物理量突变。

为了对物质结构的相与对称性的关系有更深入的理解，表 2-2 列出了物理学中的一些基本对称性及其相应的不可观测量、守恒量与选择定则。当对称性发生破缺时，相应的不可观测量变成可观测的序参量，而相应的守恒律遭到破坏。表 2-3 列举了一些对称性破缺现象。

表 2-2　物理学中的对称性

对称性及其变换	不可观测量	守恒量选择定则
空间平移	绝对位置	动量
时间平移	绝对时间	能量
空间旋转	绝对方向	角动量
洛伦兹对称性	绝对运动	相对论能量-动量关系
空间反射	绝对左 (右)	宇称
时间反演	无	无 (过程可逆)
粒子置换	区分全同粒子	费米 (玻色) 统计守恒

对称性自发破缺：基本物理定律 (系统的哈密顿量 $\hat{H}(x_1, x_2, \cdots, x_N)$ 或拉格朗日 L) 具有上述对称性，但系统的状态 (特别是基态) 波函数 Ψ_n ($\hat{H}\Psi_n = E_n \Psi_n$) 或密度矩阵 ρ 不具有上述对称性，这种现象称为对称性自发破缺。

有序相形成的物理根源有两类：①粒子-粒子相互作用，如维格纳晶体；②统计规律，如 BEC 和超导体 (温度 →0(基态)) 的玻色子凝聚相，不是相互作用造成的，而是玻色子统计法则造成的。相互作用系统一般形成有序相，相互作用弱或无互作用的系统也可形成无序相。

相变的唯象理论：自由能极小决定相 (用序参量或序函数描述相)。

表 2-3　对称性破缺现象举例

现象	破缺的对称性	高对称性	低对称性	序参量	元激发	广义刚度	缺陷
铁电性	空间反演	非极性晶体	极性晶体	P	光声子	铁电回滞	畴界
反铁电性	空间反演	非极性晶体	极性晶体	P 子晶格	光声子	—	畴界
铁磁性	时间反演	顺磁体	铁磁体	M	自旋波	磁滞	畴界
反铁磁性	时间反演	顺磁体	反铁磁体	M 子晶格	自旋波	—	畴界
导电性	规范不变	正常金属	超导体	$\psi=\sqrt{\rho}e^{-i\theta}$	电子	超导电性	涡线
^{4}He 超流性	规范不变	正常液体	超流体	$\psi=\sqrt{\rho}e^{-i\theta}$	声子，旋子	超流性	涡线
向列液晶	规范不变	正常液体	取向液体	d	—	取向弹性	向错
晶体	离散平移	液体	晶体	倒格矢	声子	刚度	位错

(1) 均匀系：自由能按序参量 η 展开

$$F = E - TS$$
$$F(\eta, T) = F_0(T) + A(T)\eta^2 + B(T)\eta^4 + \cdots$$

其极小确定均匀系的相，即 $\delta F = 0$ 决定均匀系的相及其序参量 η。

(2) 非均匀系：自由能密度 $f[\psi(\boldsymbol{r})]$ 极小确定非均匀系的相，即 $\delta_{\psi^*} f[\psi] = 0$ 确定序参量函数 $\psi(\boldsymbol{r})$ 的方程，其解确定非均匀系的序参量函数 $\psi(\boldsymbol{r})$ (Landau-Ginsburg 理论)。

K. 威尔逊因相变和临界现象研究获 1982 年诺贝尔物理学奖。

4. 系统的基态、激发态与热平衡态

基态：能量 E_0 最低。

激发态：能量 E_n 大于基态能量 E_0 的态，即 $E_n > E_0$。

元激发：是低能激发态的基本量子，具有能量、动量 (角动量) 等类粒子的物理量，是单粒子激发概念的推广。

元激发的类型：分费米型 (F 型) 与玻色型 (B 型)，如单 (准) 粒子激发 (多为 F 型)、粒子对激发 (库珀对)(B 型) 和集体激发 (电荷密度波，自旋密度波，声子等，可为 B 型或 F 型)。上述激发为量子力学态，或称纯态 (纯粹系综)。

热平衡态：是各种元激发的正则系综 (量子统计态，混合系综)

$$\rho \sim \sum_n e^{-E_n/kT} |\Psi_n\rangle\langle\Psi_n|$$

5. 缺陷与广义刚度

缺陷：包括非线性激发和拓扑型激发，其特点是序参量奇异突变，如涡线、位错、畴界等。

广义刚度：指固体保持其有序相的完整性、抵抗缺陷在其中发生的强度。缺陷要破坏序参量，自然会破坏广义刚度。

2.2 新有序相

2.2.1 金属氢

实验表明，在 $p=1$ 大气压下，氢的物态如下：
$T>20.4\mathrm{K}$ 为气体；$T\leqslant 20.4$ 为液体；$T=14\mathrm{K}$ 为分子固体 (但还不是金属)。

理论计算预言，在 4Mbar(1 bar=0.1MPa) 压力下，形成金属氢 (在 17 万大气压下已制成金属碘)。从经验物态方程知，金属氢的临界压强为 $p_c=2.8\mathrm{Mbar}$。

金属氢的性质：一是亚稳态 (寿命很长)；二是高温超导体，临界温度为 $T_c\approx 3000\mathrm{K}$，具有新的超导机制。

金属氢的产生与鉴定：通过高压实验产生，用光学和电阻测量鉴定。

研究金属氢的意义：①对于凝聚态理论可用来检验能带论与物态方程；②在天体物理学中，木星含 40%的氢，压强为 100Mbar，可能存在金属氢；③ 实际意义是可以用金属氢制造高温超导体。

2.2.2 重电子金属

重电子金属 (重费密子系统) 指某些二元或三元金属间化合物，其中一种成分是具有部分填充的 f 电子的稀土元素 (Ce) 或锕系元素 (U, Np)，另外的成分是不含 f 电子 (一般含 d 电子) 的金属或非金属元素，其化学式包含几个原子到几十个原子，巡游电子具有特别大的有效质量 (比真空中的自由电子的质量大两个量级)。f-f 原子的间距 a 大于 Hill 距离 (0.34nm) 是出现重电子行为的必要条件，这个条件的实现靠非 f 电子 (如 d 电子)。非 f 电子的作用是：①确定材料的晶格结构；②增加 f 原子的间距离，从而减小 f 原子间的直接相互作用；③通过 d 电子和 f 电子的相互作用，影响系统的性质。

重电子金属的特点：①从零温外推的线性比热系数 $\gamma(0)$ 和磁化率 $\chi(0)$ 比普通金属大 (分别为 100 多倍和 10~100 倍)；②传导电子的有效质量 m^* 特别大，$m^*/m>100$；③低温下，f 电子与巡游电子 (d 电子) 相互作用，导致电磁和热学性质反常以及传导电子的有效质量 m^* 增大；室温及以上，像普通传导电子和 f 电子的磁性；④窄能带，反铁磁性与超导电性共存，与高温超导体有类似之处。表 2-4 是重电子金属低温性质的举例。

比热 C 及比热系数 $\gamma(0)$ 的公式为

$$C=\gamma T+\beta T^2,\quad \gamma=\frac{m^*k_\mathrm{F}k_\mathrm{B}^2}{3\hbar^2}\to m^*$$

表 2-4 重电子金属低温性质举例

类型	材料	a/nm	m^*/m	$\gamma(0)/(\mathrm{mJ/mol \cdot K^2})$	$\chi(0)/4\pi/(\times 10^{-3}/\mathrm{mol})$	T_c/K
超导体	$CeCu_2Si_2$	0.41	460	1100	7	0.6
	UBe_{13}	0.513	300	1100	15	0.9
	UPt_3	0.41	178	450	7	0.5
反铁磁体	U_2Zn_{17}	0.439	>100	535	12.5	9.7
	UCd_{11}	0.656	>100	840	38	5.0
	$NpBe_{13}$	0.518	230	900	50	3.4

2.2.3 氧化物高温超导体

1. 氧化物高温超导体的发现

氧化物高温超导体发现的年代如表 2-5 所示。

表 2-5 氧化物高温超导体的发现年代

	年份	超导体	T_c/K	发现者
常规超导体,	1964	$SrTiO_3$	0.4	
其临界温度	1974	$Li_{1+x}Ti_{2-x}O_4$	13	
在 23.2 K 以下	1974	$BaPb_{3-x}Bi_xO_3$	23.2	
高温常规超	1986.4	LaBaCuO	35	Bednorz 和 Mueller
导体,其临	1987	YBaCuO	90	朱经武、赵忠贤等
界温度在 23.2 K	1988	BiSrCaCuO	100~125	
以上	1992	TlBaCaCuO	12	

J. 巴丁,L.N. 库珀和 J.R. 施里弗因超导理论研究获 1972 年诺贝尔物理学奖。

J.G. 柏诺兹和 K.A. 缪勒因发现高温超导体获 1987 年诺贝尔物理学奖。

D.M. 李,D.D. 奥谢罗夫和 R.C. 里查森因氦-3 超流动性研究获 1996 年诺贝尔物理学奖。

A.A. 阿布里科索夫,V.L. 金兹堡和 A.J. 莱格特,因超导电性和超流动性理论研究获 2003 年诺贝尔物理学奖。

2. 氧化物高温超导体的结构

氧化物高温超导体的结构已定出,均属钙钛矿(层状陶瓷)结构的变形,易碎,有三类基本结构,即 La_2CuO_4(La214 结构)、$YBa_2Cu_3O_7$(Y123 结构)和 $Tl_2Ba_2Ca_2Cu_3O_9$(Tl223 结构),分别如图 2-1~图 2-3 所示。

通过元素置换(掺杂)可获得一系列超导体,它们对杂质敏感(随杂质含量变化,从绝缘变为导体,再变为超导体),都存在 Cu—O 层,在高温超导中起关键作用;其他原子层起储备载流子所需电荷的作用。导电的 Cu—O 层与储荷层之间的电荷转移是理解高温超导的关键,改变氧含量可控制上述电荷转移。

2.2 新有序相

氧化物高温超导体的电子结构的特点是 CuO_2 层的键合是离子键与金属键的混合。

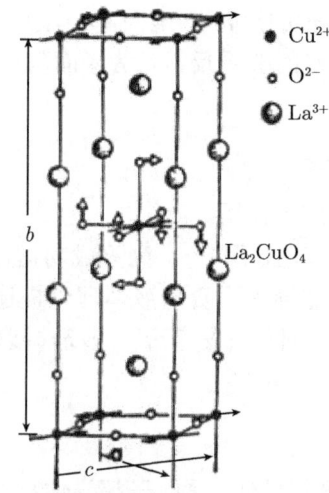

图 2-1 La214 相的晶体结构

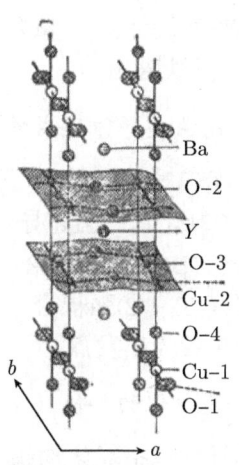

图 2-2 Y123 相的晶体结构

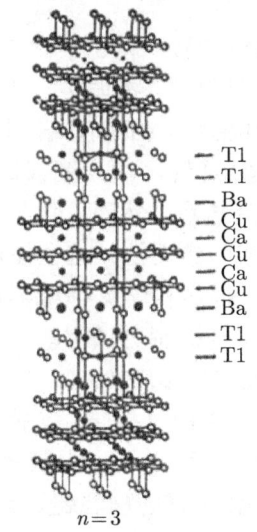

图 2-3 Tl223 相的晶体结构

3. 氧化物高温超导体的特点

超导性：临界温度 T_c 高，载流子是 2e 库珀对；强 II 型超导体，电导各向异性

(准二维层状结构,平面型超导电性);库珀对的关联长度小 (Y123 为 0.7nm),远小于常规超导体库珀对的关联长度 ($10 \sim 10^3$ nm);载流子浓度低,存在赝能隙,超导体内部存在条纹结构。

正常态出现反常性质(与通常金属相比较的反常):电阻率与温度呈线性关系,不能用电子-声子散射解释;霍尔系数与温度的关系反常;费米面与费米液体理论不符;正常态为反铁磁相。

4. 氧化物高温超导体形成的机制与理论

机制: 2e 库珀对如何形成? 不是电子-声子作用。

理论: 有关氧化物高温超导体的理论很多且不统一,尚无成功理论。理论可分两类:①弱耦合 (BCS 型) 理论,认为高温超导可用费米液体理论描述,但要改进配对机制以提高 T_c;②强耦合 (非 BCS 型) 理论 (安德森),该理论以莫特绝缘体和哈伯德哈密顿量为出发点。

5. 非常规超导体的共性

非常规超导体包括氧化物超导体、有机超导体、重电子超导体和 C_{60} 等。它们的共性是: 高 T_c、具有准二维层状结构、载流子浓度低和相干长度短等。

6. 铁基超导体

自 1986 年发现铜基超导材料之后, 2008 年日本和中国科学家相继发现了一类新的高温超导材料——铁基超导材料。物理学界认为这是高温超导研究领域的一个重大进展。高温超导是指材料在某个相对较高的临界温度,电阻突降至零。1986 年,科学家发现了第一种高温超导材料——镧钡铜氧化物。从此以后,铜基超导材料成为全世界物理学家的研究热点。然而,直至今日,对于铜基超导材料的高温超导机制,物理学界仍未形成一致看法,这也使得高温超导成为当今凝聚态物理学中最大的谜团之一。因此,很多科学家都希望在铜基超导材料以外再找到新的高温超导材料,从而使高温超导机制更加明朗。2008 年 2 月,日本科学家首先报告,氟掺杂镧氧铁砷化合物在临界温度 26K(-247.15°) 时,具有超导特性。3 月 25 日,中国科技大学陈仙辉研究小组又报告,氟掺杂钐氧铁砷化合物在临界温度 43K(-230.15°) 时也变成超导体。3 月 28 日,中国科学院物理研究所赵忠贤领导的科研小组报告,氟掺杂镨氧铁砷化合物的高温超导临界温度可达 52K(-221.15°)。4 月 13 日该科研小组又有新发现,氟掺杂钐氧铁砷化合物假如在压力环境下产生作用,其超导临界温度可进一步提升至 55K(-218.15°)。此外,中国科学院物理研究所闻海虎领导的科研小组还报告,锶掺杂镧氧铁砷化合物的超导临界温度为 25K(-248.15°)。

铁基高温超导体的发现不仅提供了新的一类高温超导,同时也提出了一个至关重要的科学难题：有没有一个微观理论可以统一解释它们的超导电性？通常的低温超导材料中，一对电子是通过与晶格各结点上的正离子振动耦合而结合在一起的。但大多数的物理学家都认为，这一电子对结合机制并不能解释临界温度最高可达 138K($-135.15°$) 的铜基材料超导现象。每一种铜基超导材料都是由层状的"铜–氧"面组成，其中的电子是如何成对的，仍是未解难题。中国和日本科学家新发现的一系列铁基超导材料都具有相同的晶体结构，它们在有些方面与铜基超导材料惊人地相似。但是计算表明，这些铁基超导材料的晶格振动提供的电子对结合力量，不足以使材料超导临界温度达到如此高的水平。因此，摆在物理学家面前的一个新问题是，新老两类材料的高温超导机制是否一样？诺贝尔物理学奖获得者、美国普林斯顿大学理论物理学家菲利普·安德森说："假如不一样，那就意味着新材料的发现比预想的要重要得多，也许能从中发现全新的超导机制"。中国科学院物理研究所闻海虎认为，新的铁基超导材料有可能会为探究高温超导机制提供一个更清晰的体系，在此基础上，铜基超导材料的高温超导机制可能会变清晰。但是，也有科学家持有异议。美国斯坦福大学科学家史蒂夫·基沃尔森就认为，两类材料都是成面结构，都是从导电性能很差的材料转化而来，而且都表现出一种名为"反铁磁性"的磁特性。他说："两者具有足够的相似性，因此可以假设它们是本质相同的高温超导材料。"不过，科学家们都认同一点，那就是新的铁基超导材料将激发物理学界新一轮的高温超导研究热。下一步，科学家们将着眼于合成由单晶体构成的高品质铁基高温超导材料。

中国科学院物理研究所、北京凝聚态物理国家实验室胡江平研究员从对称性出发，提出一个解释铁基高温超导机制的微观理论——S4 对称性的双轨道模型，为铁基超导体研究提供了一个新的平台。目前被广泛使用的铁基超导体理论使用了铁原子的全部五个 d 轨道。这些理论需要的参数过多，很难解释多种不同的铁基超导体中电子成对相互作用所遵守的对称性大同小异的实验事实。与这些理论显著不同的是，胡江平研究员等证明两个由铁基超导体的 S4 晶格对称性联系的轨道就可以给出铁基超导电子对的结构。这个理论比较简洁且需要的参数较少，但仍然能够解释不同铁基超导材料能带结构的巨大差异。这个理论直接建立了铁基和铜基超导体的联系。虽然铁基超导体和铜基超导体中电子成对相互作用的对称性在表观上不同，但联系两个不同参考系的变换被一个规范变换联系了起来。因此，这个模型为统一理解铁基和铜基超导体提供了一个有力的工具，使研究铁基超导体电子成对相互作用对称性的问题变成了在铜基超导体方面已经被深入、全面研究过的问题。从这个理论出发可以进一步证明，如果是 s 波配对，在 c 轴方向可能存在超导相位的差别，检测这个差别对确定超导机理会有决定性的作用。这项研究被美国物理学会 (APS) 选出在 *Physics: spotlighting exceptional research* 作为焦点成果报道 (Physics，2012，5：61)。

2.2.4 $C_{60}(C_{70})$

固体碳的类型及其结构如表 2-6 所示。

表 2-6 固体碳的类型及其结构

固体碳的类型	有序类型	键型	间距/nm	电性
金刚石	立方	共价 (双)		绝缘体
石墨	平面六	共价 (单、双)		导体
	层间	范德瓦耳斯	0.335	
C_{60}	足球型 (C_{70} 椭球)		(六角)0.140	绝缘体
	(五角 + 六角)		(五角)0.145	
	C_{60} 间最小距离		0.29	

C_{60} 靠范德瓦耳斯力结合成固体,掺杂碱金属成为导体或超导体 (掺杂碱金属饱和时成为绝缘体),例如,

化合物 K_3C_{60} Cs_2RbC_{60} $Rb_{2.7}Tl_{2.2}C_{60}$

T_c/K   18   33   45

低温时 C_{60} 呈现磁性,非线性光学系数高。

C_{60}、C_{70} 的分子结构模型,以及碳纳米管的分子结构示意图如图 2-4~图 2-6 所示。

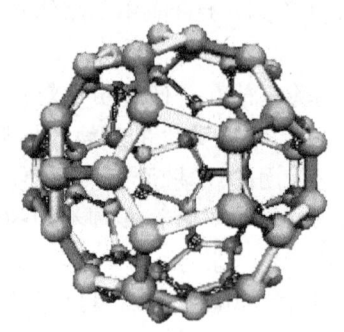

图 2-4 C_{60} 分子结构模型

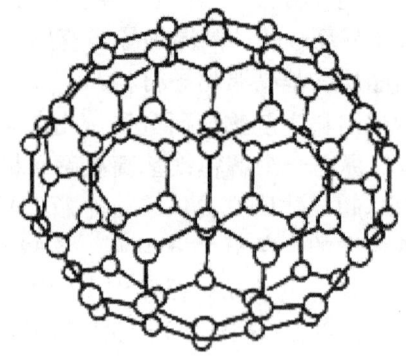

图 2-5 C_{70} 分子结构模型

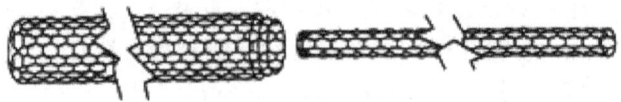

图 2-6 碳纳米管 (布基管) 的结构示意图

2.2.5 维格纳晶体

在外电磁场的约束下,电子按晶格方式排列成周期点阵系统,在二维强磁场的电子系统中发现了维格纳晶体。

2.2.6 金属多层膜 (超晶格)

金属的磁有序层间耦合的多层膜,呈现出巨磁致电阻效应。例如,Fe/Cr/Fe 多层膜超晶格的反铁磁型耦合,Fe/Cr 的巨磁致电阻效应使电阻随磁场的增大而大幅度减小。耦合随非铁磁层厚度增加而在铁磁和反铁磁之间交替振荡,周期性(a=1.0nm)与晶体结构、元素 Z 无关;耦合强度与电子 nd 壳层和电子数有关。上述现象用单轨道哈伯德模型描述。

A. 费尔和 P. 克鲁伯格因发现巨磁阻效应获 2007 年诺贝尔物理学奖。

2.2.7 拓扑相 [12]

拓扑相与量子多体系统波函数的拓扑结构有关,如分数量子霍尔效应。

2.2.8 拓扑绝缘体 [13]

拓扑绝缘体是近年发现的具有奇特导电性质的新的量子物态 —— 新的态凝聚体,是近几年来凝聚态物理学研究的重要前沿之一。拓扑绝缘体的导电性质与动量空间电子能带的拓扑结构有关。拓扑绝缘体的内部和表面的电子能带的拓扑结构不同。拓扑绝缘体内部电子能带有能隙,其电子费米能级处存在着有限大小的能隙,因而没有自由载流子,这导致其内部导电性为绝缘体;拓扑绝缘体表面电子能带无能隙,存在着狄拉克型的电子态,在电子费米能级处存在着有限的电子态密度,进而拥有自由载流子,因而其表面总是金属性的,这导致其表面导电性为金属导体。根据理论预测,拓扑绝缘体在 p 波超导体界面会形成 Majorana 费米子,其特性符合量子计算机理论中的量子比特的要求,这使该领域成为当前凝聚态物理学研究的焦点之一。

拓扑绝缘体材料有独特的优点:①这类材料是纯化学相,非常稳定且容易合成;②这类材料表面态中只有一个狄拉克点存在,是最简单的强拓扑绝缘体,为理论模型的研究提供了很好的平台;③该材料的体能隙非常大,特别是 Bi_2Se_3,大约是 0.3eV(等价于 3600K),远远超出室温能量尺度,有可能实现室温低能耗的自旋电子器件。这些重要特征表明,拓扑绝缘体有可能在未来的电子技术发展中获得重要的应用。寻找具有足够大的体能隙并且具有化学稳定性的强拓扑绝缘体材料,成为人们目前关注的焦点和难点。

拓扑绝缘体研究现状:已制成第一代 HgTe 量子阱、第二代 BiSb 合金和第三代 Bi_2Se_3、Sb_2Te_3、Bi_2Se_3 等化合物。相关的实验证实了一些理论预言。美国普林斯顿大学的 Hasan 和 Cava 教授在 Bi_2Se_3 中观察到了表面态狄拉克点的存在 (Nature Physics, 2009, 5: 398)。中国科学院物理研究所的方忠、戴希研究组与斯坦福大学的沈志勋教授研究组合作, 利用 ARPES 观察到了 Bi_2Te_3 材料中的表面单个狄拉克点 (Science, 2009, 10: 178)。

2.2.9 石墨烯 [14]

石墨烯 (graphene) 是一种由碳原子以 sp^2 杂化轨道组成六角蜂巢型晶格的、只有一个碳原子厚度的单层片状二维平面薄膜新材料 (图 2-7)。石墨烯一直被认为是假设性的结构, 无法单独稳定存在。直至 2004 年, 英国曼彻斯特大学物理学家安德烈·盖姆和康斯坦丁·诺沃肖罗夫发现, 能用一种非常简单的方法得到越来越薄的石墨薄片。他们从石墨中剥离出石墨片, 然后将薄片的两面粘在一种特殊的胶带上, 撕开胶带, 就能把石墨片一分为二; 不断地这样操作, 薄片越来越薄, 最后他们得到了仅由一层碳原子构成的薄片, 这就是石墨烯。此后, 制备石墨烯的新方法层出不穷。经过 5 年的发展, 人们发现, 将石墨烯带入工业化生产的领域已为时不远了。因此, 两人因在二维石墨烯材料的开创性实验获得 2010 年诺贝尔物理学奖。

图 2-7 石墨烯由碳原子形成的原子尺寸蜂巢晶格结构

石墨烯目前是世上最薄、最坚硬的纳米材料, 几乎是完全透明的, 只吸收 2.3% 的光; 导热系数高达 5300 W/(m·K), 高于碳纳米管和金刚石; 常温下其电子迁移率超过 15000 $cm^2/(V·s)$, 又比纳米碳管或硅晶体高; 而电阻率只约为 $10^{-6}\Omega·cm$, 比铜或银更低, 是目前世上电阻率最小的材料。因为它的电阻率极低, 电子跑的速度极快, 因此被期待可用来发展出更薄、导电速度更快的新一代电子元件或晶体管。由于石墨烯实质上是一种透明、良好的导体，也适合用来制造透明触控屏幕、光板，甚至是太阳能电池。石墨烯另一个特性是，能够在常温下观察到量子霍尔效应。

石墨烯的碳原子排列与石墨的单原子层雷同，是碳原子以 sp^2 混成轨域呈蜂巢晶格排列构成的单层二维晶体。石墨烯可想象为由碳原子及其共价键所形成的原子尺寸的网。石墨烯的结构非常稳定，碳碳键仅为 1.42&Aring。石墨烯内部的碳原子之间的连接很柔韧，当施加外力于石墨烯时，碳原子面会弯曲变形，使得碳原子不必重新排列来适应外力，从而保持结构稳定。这种稳定的晶格结构使石墨烯具有良好的导热性。另外，石墨烯中的电子在轨道中移动时，不会因晶格缺陷或引入外来原子而发生散射。由于原子间作用力十分强，在常温下，即使周围碳原子发生挤撞，石墨烯内部电子受到的干扰也非常小。石墨烯是构成下列碳同素异形体的基本单元：石墨、木炭、碳纳米管和富勒烯。人们常见的石墨是由一层层以蜂窝状有序排列的平面碳原子堆叠而成的，石墨的层间作用力较弱，很容易互相剥离，形成薄薄的石墨片。当把石墨片剥成单层之后，这种只有一个碳原子厚度的单层就是石墨烯。完美的石墨烯是二维的，它只包括等角六边形，如果有五边形和七边形存在，则会构成石墨烯的缺陷；12 个五角形石墨烯会共同形成富勒烯；石墨烯卷成圆桶形可以用为碳纳米管；另外，石墨烯还被做成弹道晶体管 (ballistictransistor)。2006 年 3 月，佐治亚理工学院研究员宣布，他们成功地制造了石墨烯平面场效应晶体管，并观测到了量子干涉效应，并基于此结果研究出以石墨烯为基材的电路。

石墨烯的发现引起了全世界的研究热潮。它是已知材料中最薄的一种，质料非常牢固坚硬，具有超出钢铁数十倍的强度，在室温状况，传递电子的速度比已知导体都快。石墨烯的原子尺寸结构非常特殊，必须用量子场论才能描绘。石墨烯是一种二维晶体，最大的特性是其中电子的运动速度达到了光速的 1/300，远远超过了电子在一般导体中的运动速度。这使得石墨烯中的电子 (应称为载荷子，electric charge carrier) 的性质和相对论性的中微子非常相似，从而使石墨烯成为世界上导电性最好的材料。石墨烯是迄今为止世界上强度最大的材料。据测算，如果用石墨烯制成厚度相当于普通食品塑料包装袋厚度的薄膜 (厚度约 100nm)，那么它将能承受大约 2t 重物品的压力，而不至于断裂。石墨烯的应用范围广阔。根据石墨烯超薄强度超大的特性，石墨烯可被广泛应用于各领域，如超轻防弹衣、超薄超轻型飞机材料等。根据其优异的导电性，使它在微电子领域也具有巨大的应用潜力。石墨烯有可能会成为硅的替代品，制造超微型晶体管，用来生产未来的超级计算机，碳元素更高的电子迁移率可以使未来的计算机获得更高的速度。由于电子和原子的碰撞，传统的半导体和导体用热的形式释放了一些能量，目前一般的电脑芯片以这种方式浪费了 72%~81% 的电能。石墨烯则不同，它的电子能量不会被损耗，这使其具有了非同寻常的优良特性。石墨烯的应用有望在现代电子科技领域引发新一轮革命。另外，石墨烯材料还是一种优良的改性剂，在新能源领域 (如超级电容器、锂离子电池方面)，由于其高传导性、比表面积高，可作为电极材料助剂。

2.3 低维系统与小系统：介观物理与表面物理、团簇物理与纳米科技

低维系统包括:
(1) 层状分子排列的准二维系统，如表面、界面和膜；
(2) 长链分子或聚合物准一维系统，如量子线；
(3) 量子点与准零维系统。
对低维系统要考虑维度约束的量子效应和拓扑效应。

2.3.1 量子霍尔效应

量子霍尔效应 (1980, 1982) 是在低温 (1K) 强磁场 (10T) 的二维电子气中实现的霍尔电阻量子化变化。

二维电子系统有三类：①束缚于液氦表面的电子气；②金属–氧化物–半导体场效应管中氧化物与半导体之间的电子气；③两种半导体界面之间的电子气。

1. 经典霍尔效应 (1879)

霍尔电阻、电流与磁场的关系为

$$\rho_H = \frac{E_y}{j_x}, \quad j_x = nev, \quad E_y = \frac{v}{c}B$$

$$\rho_H = \frac{B}{nec}, \quad U_H = E_y L_y = \frac{vL_y}{c}B$$

经典霍尔效应的特点是，霍尔电阻与磁场有线性、连续关系，ρ_H 正比于 B。

2. 整数量子霍尔效应

强磁场中二维电子气的量子运动与磁通量子化如下：

朗道能级：$E_n = \left(n + \dfrac{1}{2}\right)\hbar\omega_c$；

单位面积状态数：$n_B = \dfrac{eB}{hc}$；

朗道能级简并度：$N_B = n_B\sigma = \dfrac{\Phi}{hc/e} = \dfrac{\Phi}{\Phi_0}$；

一个朗道能级填满时的电阻：$\rho_H = \dfrac{B}{n_B ec} = \dfrac{h}{e^2}$；

i 个朗道能级填满时的电阻：霍尔电阻量子化变化为

$$\rho_H = \frac{B}{in_B ec} = \frac{h}{ie^2}$$

霍尔电阻随电子能级数呈现量子阶梯式变化。

整数量子霍尔效应 (K. V. Klitzing, 1980) 来自：①电子气的量子运动与磁通量子化，故 i 取整数；②杂质造成朗道能级之间电子的定域态 (对电导无贡献)，平台是电子填充定域态造成的；③量子霍尔效应是普适的，量子霍尔电阻与具体材料无关 $\left(R_\mathrm{H} = \dfrac{25\,812.8}{i}\Omega\right)$，可用于普适常量的精确测量。

3. 分数量子霍尔效应

分数量子霍尔效应 (D. C. Tsui，H.L.Stormer，A.C. Gossard，1982) 需要更低的温度 (0.1K) 和更强的磁场 (20T)。当填充数 $\nu = \dfrac{1}{3}, \dfrac{2}{3}, \dfrac{2}{5}, \dfrac{3}{5}, \cdots$ 时，出现霍尔电阻 ρ_H 的平台，这是量子集体现象。目前对分数量子霍尔效应有两种解释。

(1) R.B. Laughling 的解释：分数量子霍尔效应是强关联电子系统的带分数电荷的集体激发，$\nu = m = \dfrac{p}{q}(p<q)$ 时激发的 Laughling 波函数为 (液晶波函数)

$$\psi_m(z_1, z_2, \cdots, z_n) = \prod_{j<k}^n (z_j - z_k)^m \exp\left(-\frac{1}{4}\sum_{i=1}^n |z_i|^2\right)$$
$$z_k = x_k + \mathrm{i}y_k$$

与朗道能级波函数比较可知

$$m = \frac{1}{\nu}$$

(2) 统一解释：可从电子-电磁场量子系统的规范不变性得出。

K.V. Klitzing 因发现量子霍尔效应获 1985 年诺贝尔物理学奖。

R.B. Laughlin、H.L.Stormer 和 Tsui 因发现分数量子霍尔效应获 1998 年诺贝尔物理学奖。

2.3.2 表面物理学 [15]

表面物理学是近年来固体物理学中的一个重要而且发展极为迅速的领域。表面物理学研究固体表面附近几个原子层内具有异于体内的对称性及其相关的物理特性。表面物理学研究在超高真空下 (10~10Torr, 1Torr=1mmHg=1.333 22×10^{2}Pa)，这几个原子层内原子的排列情况和电子状态、吸附在表面上的外来原子或分子以及在表面几个原子层内的外来杂质的电子状态和其他物理性质。通过电子束、离子束、原子束、光子、热、电场和磁场等与表面相互作用，从实验上得到有关表面结构、表面电子态、吸附物的品种、结合的类型和成键的取向等信息。

理想晶体表面具有二维周期性，其单位网格由基矢 a_1 和 a_2 决定；根据对称性的要求，可能形成的二维单位网格有五种，这五种格子常称为二维布拉维格子。由于表面原子受力的情况不同于体内，或由于外来原子的吸附，最表面层原子常会有垂直于或倾斜于表面的位移,表面下的数层原子也会有相应的垂直或横向位移。因此,实际表面单位网格的基矢 b_1 和 b_2 不同于理想表面单位网格的基矢 a_1 和 a_2,这种现象称为表面再构。如果表面原子只有垂直于表面的运动,则称为表面弛豫。表面结晶学的主要研究内容是弄清 b_1、b_2 与 a_1、a_2 之间的关系,如 $b_1=pa_1$,$b_2=qa_2$,p 和 q 都是整数,常用下述符号来描写晶体表面结构,即 $R(hkl)p \times q$,式中 R 是元素的符号,(hkl) 代表密勒指数是 hkl 的晶面;如果再构是由吸附物 A 引起的,则可用符号表示为 $R(hkl)p \times q - A$ 或 $A/R(hkl)p \times q$;如果表面和衬底单位网格的基矢并不平行,且 b_1 与 a_1、b_2 与 a_2 之间有相同的夹角 a,则常用下述符号来标志表面的再构,即 $R(hkl)p \times q - a$。

要定量地研究表面,必须获得表面所有原子的坐标信息。早期采用的实验方法是低能电子衍射 (LEED)。这种方法是把能量在 5 ~ 500eV 范围的电子沿近乎正入射的方向射向晶体表面,通过在荧光屏上观察到的衍射点可以获得有关表面的单位网格信息。

表面扩展 X 射线吸收精细结构 (SEXAFS) 是近年来发展起来的研究表面结构的另一手段。当吸附在衬底 S 上的原子 A 吸收 X 射线后,从芯态发射的光电子可受到周围原子的散射,出射电子波与散射电子波之间有干涉作用,从而形成有起伏的末态。这个有起伏的末态使 X 射线吸收的概率在吸收边后面有振荡现象,振荡的幅度与周期包含了吸附原子 A 的近邻数及其和周围原子所形成的键长信息。

表面成分的确定是表面研究中的另一重要课题。利用原子芯态能级的位置和原子的质量这两个特征可以确认原子的类别。X 射线光电子谱 (XPS) 是通过测量入射 X 射线打出表面外的光电子的动能来确定芯态能级的位置,从而定出原子的类型及其与周围原子成键的信息。

对于有吸附物的表面,也可通过脱附过程来确认吸附物的类型以及吸附物与衬底的结合能。电子感生脱附 (ESD) 是研究表面吸附原子价态的有力工具。

在弄清表面结构和表面成分后,表面物理的主要研究内容之一是表面电子态和有关的物理性质。光电子能谱是研究表面电子态的重要方法之一。利用电子的隧道过程也可探测表面电子态。

由于表面可被看为破坏了点阵周期性的缺陷,因此表面的原子具有和体内原子不同的振动模式。当表面有分子的覆盖层,通过研究这些覆盖层的振动模式可以测定吸附分子的结构,确定分子在表面的吸附位置。通过观察某些振动模式的激发,可以得到吸附分子相对于衬底的取向,研究频率随覆盖度的变化,可以了解覆盖层的横向相互作用。可以用红外反射谱 (IRAS)、高分辨电子能量损失谱 (HREELS) 和非弹性电子隧道谱 (IETS) 来研究表面的振动。

当前表面物理学的主要研究课题为:①表面结构,即表面层的原子排列情况,包括原子种类、彼此间的相对位置 (键长和键角等)、偏离二维周期性结构的各种

缺陷 (如空位、填隙原子、畴界等)；②表面化学成分的分析；③外来原子或分子在表面的吸附和脱附过程，以及由此引起的化学成分和结构的变化；④表面原子的横向输运过程；⑤表面电子态和声子态。

表面物理学的研究包括实验和理论研究两个方面，彼此相辅相成。实验上主要是以粒子束或射线束入射到固体表面，收集并分析入射束与表面相互作用后的产物，以得到关于表面区的各方面信息。理论研究是把传统的固体量子理论和量子化学理论应用到表面区，对定域于表面区的微观粒子的运动状态及相互作用进行理论计算，并与实验结果比较。理论研究的主要目的是弄清表面附近电子的行为。最理想的情况是通过总能量最小值来确定表面原子的位置，计算过程中主要的困难是表面附近电荷分布与原子的位置与体内不同，因此势场也和体内情况不同。由于势场和电荷的相互关系，所以必须用复杂的自洽计算。目前多采用类似传统能带计算法而建立的薄片模型或用量子化学中惯用的分子集团模型。后者用有限的原子数来模拟半无限大的晶体，可以比较容易地计算集团的总能量，对具有不同几何构形的原子所组成的集团，从与总能量最小值相对应的构形可给出有关的物理性质，如原子在表面的吸附位置、键长等。在薄片模型中可用紧束缚法、赝势法、缀加平面波的线性组合 (LAPW) 等。近年来趋向于发展通过自洽计算求总能量的途径。表面能计算结果的好坏取决于如何计入电子与电子之间的相互作用，这些都仍在深入研究中。

表面物理学研究的意义：①对固体表面的研究具有重大实际意义，如金属和合金材料的腐蚀、磨损和断裂等过程都直接发生在表面，与表面的化学成分有关，随着大规模集成电路的发展，特别是集成度的增加，表面起的作用也越大；②半导体器件的性能受到表面状况的重大影响，多相催化机理、材料的老化和中毒等都与表面状况有关；③受控热核反应装置中，等离子体与器壁表面的相互作用机理必须考虑表面特性等。总之，表面物理学已同冶金学、材料科学、半导体物理学、催化、真空物理和核能科技等领域紧密地结合在一起，而在表面物理学的实验研究中所涉及的方法和设备更与广泛的科技成果相联系。故表面物理学是一门综合性很强、重要性日益显著的学科，是一门具有很强应用背景、受到普遍重视的学科。

2.3.3 准一维系统与有机链状分子

共轭聚合物：如聚乙炔、聚二乙炔等具有碳链的线状分子，通过化学掺杂可改变电阻率达到十个量级，从绝缘体经半导体、金属，达到超导体。

有机超导体：已制造出几十个有机超导体，聚乙炔掺杂后电导率接近铜，超导临界温度 T_c 已达 12.8K；超导机制主要是电子–声子作用，电子–电子作用也比较重要。

2.3.4 零维体系与介观系统

零维体系与介观系统是三个维度的尺寸都很小的系统，包括介观环、团簇、量子点和量子阱。

1. 介观系统

介观尺度：即保持量子相干性的尺度。若温度为 1K，介观尺度 L 为 $10 \sim 100\mu m$。L 与电子的平均自由程 (不发生碰撞的路程) 相当。

1) 金属中的 AB(Aharonov-Bohm) 效应

(1) 真空中的 AB 效应。1959 年 Aharonov-Bohm 预言 (Phys.Rev.1959, 115:485)，磁通对真空中电子双缝干涉的条纹产生周期性影响 (其周期为磁通量子：$\Phi_0 = \frac{ch}{e}$)；1960 年 Chambers 用实验证实了这一预言 (Phys. Rev. Lett. 1960, 5: 8)。

(2) 金属中的 AB 效应 (Phys. Rev. Lett. 1985, 54: 2696; 1985, 55: 1610)。金属介观环 (直径为 245nm，环宽为 30nm 的金环) 的电导随环内通磁周期性振荡 (周期为磁通量子：$\Phi_0 = \frac{ch}{e}$)，介观环中的电流是持续的。

2) AAS(Altshuler-Aharonov-Spivak) 效应

金属介观环的电导随环内磁通周期性振荡，其周期为 $\frac{1}{2}$ 磁通量子 $\left(\frac{ch}{2e}\right)$，来自介观环中弹性散射体对电子的散射和逆散射态的叠加效应。

3) 普适电导涨落 (UCF)(fingerprint，指纹)

介观样品的电导存在着标志样品个性的可重复的涨落，由介观样品中无规分布的散射体造成的。

4) 非定域性电导

当电子的自由程接近或超过介观样品的尺度时，电子波函数的关联效应遍及整个样品，计算电导时，必须考虑样品结构之间和元件之间的相干与关联；结构或元件分布的变化会引起电导的变化，这是量子波函数的非定域性造成的电导的非定域性。

5) 介观电路电导的朗道尔理论 (IBM J. Rev. Dev., 1957, 1: 223)

这一理论把介观电路中电导问题简化为电子对散射体势垒的穿透与散射问题，把电导率的计算归结为透射率和反射率的计算。

2. 团簇

团簇 (cluster)，系指由几个、几十、几百，乃至几千、几万个原子组成的亚纳米、纳米尺度 (10^{-7}cm) 的小体系，是固体的"胚胎"；团簇物理是原子物理、凝聚态物理、量子化学、表面物理、材料科学和核物理的交叉。

团簇产生的方法有离子溅射、激光蒸发、气体超声速膨胀和气体放电等。

团簇可分为三类。
(1) 金属团簇：由自由价电子价键合。
(2) 半导体团簇：由取向共价键合。
(3) 绝缘体团簇：其中卤化物团簇由离子键键合，惰性气体团簇由范德瓦耳斯力键合。

位置序与动量 (波) 序是团簇的两种序，判别方法如下:
团簇中原子间距离为 $a \approx 0.3$nm 时，相应的热运动动能为

$$E_k = \frac{h^2}{2ma^2} = \frac{3}{2}k_B T_0$$

对应的温度为

$$T_0 = \frac{h^2}{3ma^2 k_B}$$

当系统温度 $T > T_0$ 时，团簇为经典位置序；当系统温度 $T < T_0$ 时，团簇为量子波序。

A 个原子的团簇 $T_0 \approx 60$K，在常温 $T > T_0$ 时，团簇是经典位置序；当 $T \ll T_0$ 时，团簇是量子波序。

对电子 $T_0 \approx 10^4$K，一般 $T \ll T_0$ 时，电子是量子波序。

壳层结构 (shell structure) 与幻数 (magic number)

对于 Xe 组成的团簇，当原子数 $A = 13, 19, 25, 55, 71, 87, 147$ 等幻数时，团簇丰度特别大 (特别稳定)。

幻数的出现是电子在平均场中的量子运动形成壳层结构的结果，类似于原子中电子的壳层结构和化学性质的周期性。

惰性元素组成的团簇包括 Ne、Ar、Kr、Xe 组成的团簇，由范德瓦耳斯力键合，是 Mackay 二十面体，幻数接近 $N = 1 + \sum_{p=1}^{n}(10p^2 + 2)$。

卤化物正负离子组成的团簇包括 CsI、CuBr、NaCl 组成的团簇；由库仑与各种偶极力键合。

C_{60} 团簇及其固体由 C、Si、Ge 等元素组成，以共价键键合为主。激光蒸发发现，当碳原子数 $N=20, 24, 28, 32, 36, 50, 60, 70, \cdots, 240, 540$ 等幻数时，生成的团簇最多，其中以 C_{60} 最稳定，称为富士团 (fullerene-buck-minster fuller)。它是足球二十面体，可由石墨放电蒸发产生；而 C_{70} 像一个橄榄球。

金属团簇是指由 Li、Na、K、Cs、Cu、Ag、Au 等组成的团簇。Li、Na、K 团簇的幻数为 $N=8, 18, 20, 34, 58, 92, \cdots$。

团簇幻数的理论解释：可用壳模型解释团簇幻数的出现。幻数团簇结合能大，特别稳定，相邻粒子数团簇的结合能 $E(N)$ 的二级差分可表示壳效应和团簇的稳

定性，即

$$\Delta_2(N) = E(N+1) - 2E(N) + E(N-1)$$

产生团簇壳模结构的库仑平均势可选为伍兹-萨克森型，则有

$$U(\boldsymbol{r}) = \frac{U_0}{1 + \exp[(r-a)/\varepsilon]}$$

团簇的库仑爆炸：当两个以上的电子从团簇上剥离，正电荷分布的库仑排斥能超过团簇的束缚能时，产生团簇的库仑爆炸。

团簇的其他研究结果如下。

(1) 过渡金属团簇：比较复杂，幻数未弄清；对氢化钴获得其幻数。

(2) Cu_N^+ 团簇：^{63}Cu、^{65}Cu 有同位素效应。

(3) 铁磁过渡金属团簇：Fe、Co 的低温磁性比固体值小。

(4) 超壳团簇：对 Na 的团簇，由平均场理论预言并被实验证实的幻数为：2，8，20，40，58，92，138，196，260，344，445，558 (700，840，1040，1220，$\cdots$，21 000)。

(5) He 团簇：为液滴，^{3}He 团簇的幻数为 2，8，20，40，$\ldots$。

(6) 团簇的点阵振动与电子激发对团簇的稳定性和光学性质很重要。

团簇是原子到固体的桥梁，它能帮助了解电子能级结构的演化，如 Cu_{410} 的 3d 电子已具有大块铜的能带结构特征。

团簇的物理问题包括：①作为从原子到固体的桥梁的团簇演化的关节点；②金属团簇壳结构的最大尺度；③铁、镍、铌及一些复杂化合物团簇的幻数；④团簇的声、光、电、磁性质。

团簇与超细纳米颗粒的比较：

团簇，几个至几百个原子，尺度 $< 1\text{nm}$；

纳米颗粒，$10^3 \sim 10^5$ 个原子，尺度 $1 \sim 100\text{nm}$。

3. 量子点 (附)

(1) 准一维导体中的量子点：纳米或亚纳米尺度，其中的电子能级分离，电导产生近藤效应。

(2) 介观环中的量子点：电导的磁通效应和近藤效应有重要的应用前景。胶态晶体法组装得到的 Cd-Se 量子点超晶格的电镜照片如图 2-8 所示。

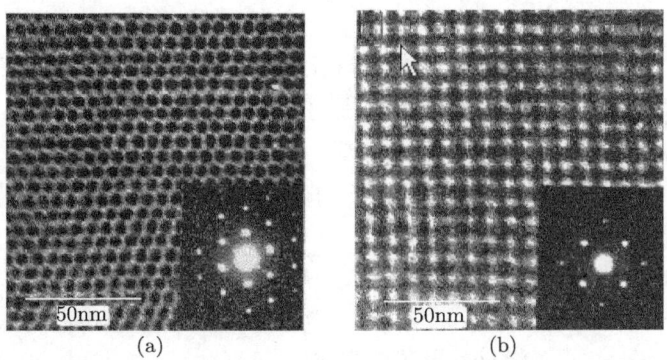

图 2-8 胶态晶体法组装得到的 Cd–Se 量子点超晶格的高分辨电镜照片

图中量子点尺寸为 4.8nm

(a) fcc 排布的 (101) 面的图像及特征电子衍射图；(b) fcc 排布的 (100) 面的图像及特征电子衍射图

4. 离（原）子阱与玻色–爱因斯坦凝聚 (BEC)

离子阱包括：

(1) Paul 阱 (trap)，指两组具有交变电场的电极形成的离子阱，可囚禁单个粒子、电子很长时间，其囚禁势为 (柱坐标)

$$V(\boldsymbol{r},t) = \frac{1}{2}(\omega_\rho^2 \rho^2 + \omega_z^2 z^2)$$

(2) 磁光阱 (magnet-optic trap)，指两组线圈形成的非均匀磁场产生竖向磁约束 (作用于原子磁矩)，四束水平激光形成平面电场约束 (作用于原子偶极矩)。

(3) 电子束离子阱，指强磁场中的电子束的高速螺旋运动，既可以把原子剥离成离子，又可以把形成的离子约束在阱内，可产生约束的高电荷态离子，用于研究。

W. 保罗因发明离子捕集技术获 1989 年诺贝尔物理学奖。

朱棣文，C. 科恩–塔诺季和 W.D. 菲利普斯因激光冷却和捕捉原子的研究获 1997 年诺贝尔物理学奖。

玻色–爱因斯坦凝聚 (BEC) 在 1995 年实现，元素为 Rb、Na、Li 等原子[①]。

极低温度下，玻色统计造成大量玻色型原子填充能级最低的同一量子态而形成宏观量子现象，这是量子统计造成的而非相互作用造成的凝聚体 (尺度为 μm)。

产生 BEC 的条件：$n_0 \lambda^3 \geqslant 2.612$，$\left(\dfrac{2\pi\hbar^2}{Mk_B T}\right)^{1/2}$，$T \approx$ nK。

产生 BEC 的过程如下。

---

① 见：Wieman C E, Cornell E A, Ketterle W. Science, 1995, 69: 198; Phys. Rev. Lett., 1995, 75: 3969

(1) 囚禁 (trapping)：用磁光阱。

(2) 冷却 (cooling)：①激光冷却，即利用原子吸收的多普勒效应和自发辐射的各向同性冷却；②蒸发冷却，即利用热原子高速成分逃离位阱冷却；③共同冷却 (sympathetic cooling)，利用冷库原子冷却。

(3) 凝聚 (condensation)：当 $T \approx $nK 时，90% 以上的原子填充最低能态，形成宏观量子态 (波序)。

BEC 激发 (excitation) 有声子、涡旋、孤子、壁畴等模式。

BEC 的应用：可用于原子光学 (刻)、精密测量 (谱学精度为 5×10^{-12}；时间精度为 2×10^{-15})、原子激光、量子信息等。

E.A. 廉奈尔、W. 克特勒和 C.E. 维蔓因发现玻色–爱因斯坦凝聚获 2001 年诺贝尔物理学奖。

BEC 形成过程的二维吸收像如图 2-9 所示，用 CCD 相机拍摄的 BEC 的激光吸收图像如图 2-10 所示。

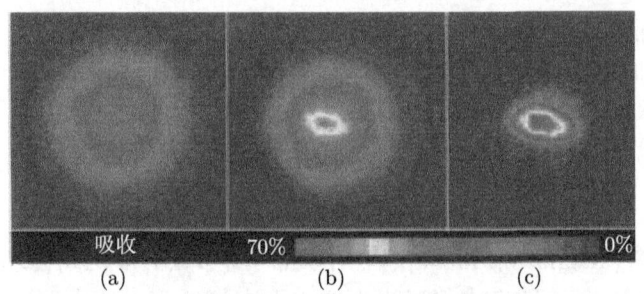

图 2-9 BEC 形成过程的二维吸收像 (宽度 870μm)

(a) 转变温度之上的速度分布；(b) 刚出现凝聚；(c) 几乎全凝聚

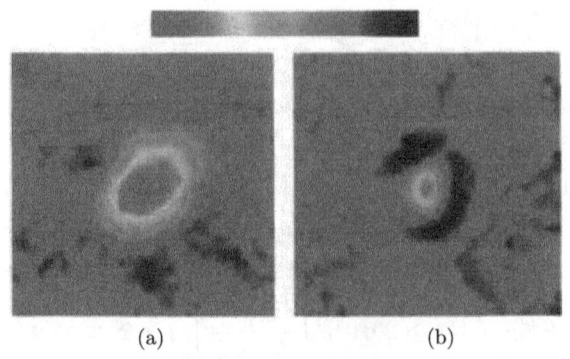

图 2-10 用 CCD 相机拍摄的 BEC 的激光吸收像 (边长尺寸为 570μm)

(a) 590nK，1.2×10^5 个原子；(b) 100nK，2×10^4 原子

2.3.5 纳米颗粒与纳米科技

纳米科技是世界高科技, 涉及物理、化学、生物、医学、材料、机电、计算机和信息等学科。

纳米维度包括: 一维纳米是准二维系统; 二维纳米是准一维系统; 三维纳米是准零维系统, 即纳米颗粒。

纳米颗粒的特点:

(1) 包含 $10^3 \sim 10^5$ 个原子, 尺度为 $1 \sim 100$nm;

(2) 表面–体积比特大, 表面–总原子数比大,

$$x = \frac{n \cdot 2r_0 \cdot \pi r^2}{n \cdot 4\pi r^3/3} = 1.5\frac{r_0}{r} > 1.5 \times \frac{10^{-8}\text{cm}}{k \times 10^{-7}\text{cm}} = \frac{15}{k}\%$$

(3) 表面活性大;

(4) 电子能带能级分离;

(5) 力学、电磁、光学性质不同于固体。

纳米颗粒的用途:

(1) 利用表面化学活性制造纳米催化剂;

(2) 利用力学性质制造纳米高强度材料;

(3) 利用电磁性质制造纳米电磁器件 (计算机芯片);

(4) 利用光学性质制造纳米光学器件;

(5) 纳米机电系统 (NEMS) 制成集传感器、控制器和执行器于一体、用于操纵与组装原子、实施医学手术的纳米机器人;

(6) 在生物、医学上用于对细胞、蛋白质、DNA 的微观研究、对生物大分子结构和功能的研究、裁剪与嫁接、基因工程、纳米药物和纳米手术等。

纳米科技包括纳米物理学、纳米化学、纳米材料学、纳米加工学、纳米力学、纳米电子学和纳米生物武器。纳米科技的主要研究和加工手段是扫描隧道显微镜 (用 STM 占工作量的 50%以上)。

纳米科技的重要进展有 (图 2-11~ 图 2-13):

(1) IBM 公司用 STM 使原子在镍基板上排出 IBM 字样;

(2) 德国、美国做成具有韧性的陶瓷氟化钙和二氧化钛;

(3) 纳米生物兴起, 在纳米尺度上识别生物大分子, 进行裁剪与嫁接;

(4) 纳米机械和纳米机器人的研制取得进展 (已制成纳米马达)。

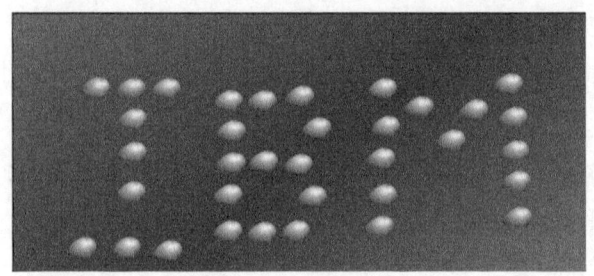

图 2-11　移动 35 个氙原子排成了 "IBM" 字样

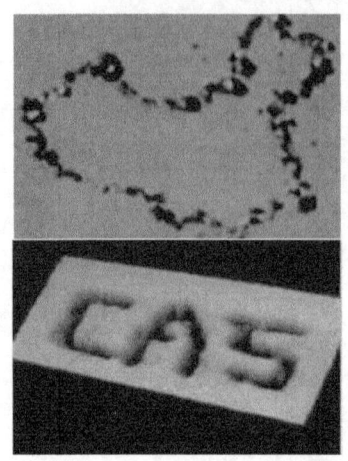
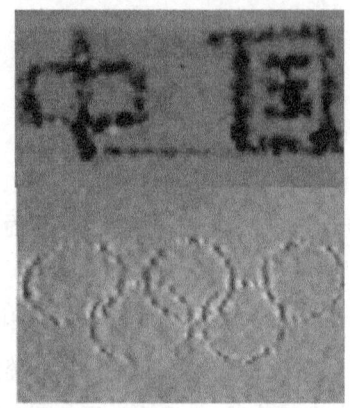

图 2-12　中国科学院化学研究所科研人员利用自制的扫描隧道显微镜在石墨表面上刻蚀出来的图像 (这些图形的线宽只有 10nm)

图 2-13　世界最安静的马达 (右, 采用纳米技术制造) 与传统马达 (左) 作对比

2.3.6 自旋电子学

研究电子自旋自由度的输运，用电流–电场控制电子自旋的输运，制作自旋电子学器件。

2.4 等离子体物理学与核聚变

等离子体物理学和核聚变与能源、空间科学以及国防密切相关。

2.4.1 等离子体物理的基本问题

等离子体：指大量原子电离后，由离子和电子组成的中性气体。

等离子体的特点：具有很强的电磁相互作用，即很强的电子–电子、电子–离子、离子–离子相互作用，电子、离子与电磁波的强耦合，具有复杂的集体激发模式。

等离子体物理的基本问题包括：

(1) 各种离子的平衡态性质；
(2) 各种等离子体波和非线性集体激发的不稳定性；
(3) 等离子体电磁辐射；
(4) 非平衡弛豫过程，物质、电荷、能量的输运等。

2.4.2 等离子体物理新的研究领域

等离子体物理学新的研究领域包括非中性等离子体物理、强耦合等离子体物理、非线性等离子体物理与湍流、激光等离子体物理、高能等离子体物理、聚变等离子体物理等。

2.4.3 聚变等离子体物理

聚变等离子体物理研究包括以下几个方面。

(1) 磁约束聚变等离子体物理：托卡马克装置已接近劳逊条件，中国参加国际磁约束聚变反应堆计划 (ITER)；
(2) 惯性约束聚变等离子体物理；
(3) 重点与前沿课题：①激光与等离子体的相互作用；②内爆动力学；③电子、离子的运动与输运性质；④与 ITER 工程有关的聚变等离子体物理。

2.4.4 空间和天体等离子体物理

空间和天体等离子体物理研究包括：

(1) 空间等离子体物理，即地球高层空间和日地空间等离子体物理；
(2) 天体等离子体物理，即太阳、恒星、星际等离子体物理。

2.4.5 低温等离子体物理与技术

低温等离子体是指温度几十万度以下的等离子体。低温等离子体有三类：

(1) 热等离子体，用强直流电弧放电或高频 (几兆至几十兆赫兹) 感应耦合放电产生；

(2) 冷等离子体，用辉光放电、微波放电、电晕放电产生；

(3) 燃烧等离子体，即火焰等离子体。

低温等离子体的应用举例。

(1) 表面处理：刻蚀、淀积、改性、溅射；

(2) 等离子体相化工生产：合成、产生超细超纯粉末；

(3) 热处理与热加工：喷涂、冶金、球化、焊接、切割、烧结；

(4) 等离子体光源：高、低气压照明灯，气体放电激光器，等离子体显示器；

(5) 磁流体发电。

2.5 人造系统：超晶格、准晶格与人造原子

2.5.1 超晶格

用固体微加工技术 (如分子外延技术) 把异质或不同组分的材料交替地结合成固体，形成具有两种以上倒格矢的周期结构的晶体，从而获得新的力学、声学、电磁学和光学性质。

2.5.2 准晶格

准晶格是指没有严格的周期结构 (或有很多倒格矢) 的晶体，如图 2-14 所示的平面的彭罗斯拼砌和图 2-15 所示的布基洋葱。

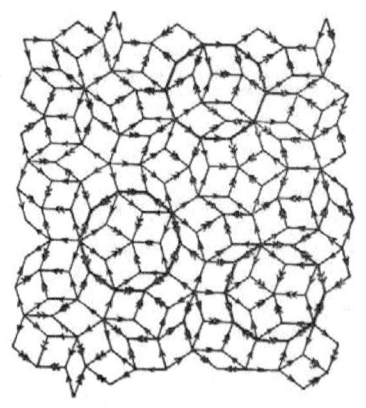
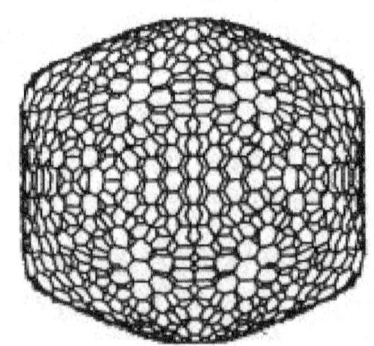

图 2-14　平面的彭罗斯拼砌　　　　图 2-15　布基洋葱的结构示意图

2.5.3 人造原子

人造原子是指在固体中造出纳米或亚纳米尺度的量子阱和量子势，电子被束缚形成能级和量子态，像原子一样具有光吸收与发射等性质。

2.5.4 固体或液体环境中的原子、分子

固体或液体中的离子和电子环境形成的平均场，通过介电常数和电子有效质量影响其中的杂质原子、分子、离子的外层电子运动，改变其能级、量子态和相应的光谱特征；晶体的对称性结构通过它作为环境形成的晶体中的离子和电子的平均场，也会影响电子能级 (如使能级分裂)。

2.6 极端条件下的凝聚态物理学

2.6.1 高温高压下的凝聚态

高温高压下的凝聚态物理的研究对象包括高速碰撞下的物性、地心铁的凝聚态物性和天体中的凝聚态 (如木星中压强为 100Mbar, 40%的氢) 物性。高温高压下，晶格常数缩短，原子 (离子) 的电子壳受到强烈的冲撞和挤压，晶格运动和电子运动受到很大的扰动，物理和化学性质发生变化。

高温高压凝聚态物理学的任务是测量和研究高温高压凝聚态的物理性质，提取相变和物态方程的信息。

2.6.2 超强电磁场中的凝聚态

运用超强电磁场改变原子、离子、电子的量子运动状态，可达到改变凝聚态的物理、化学性质的目的。

2.7 复杂性与自组织

2.7.1 复杂性与复杂性科学

1. 什么是复杂性

多体 (多粒子或多组元) 系统由于相互作用产生的不同层次的关联和相应的不同层次的在时间和空间上的结构，以及由此产生的不同层次的性质与功能，形成系统的结构、性质与功能的复杂性；复杂性与系统的结构、性质与功能的层次性密切相关。

简单性与复杂性的关系：简单的基本定律在一定的控制条件下的多次重复应用就会产生不同层次的结构、性质与功能的复杂性 (图 2-16～图 2-19)。

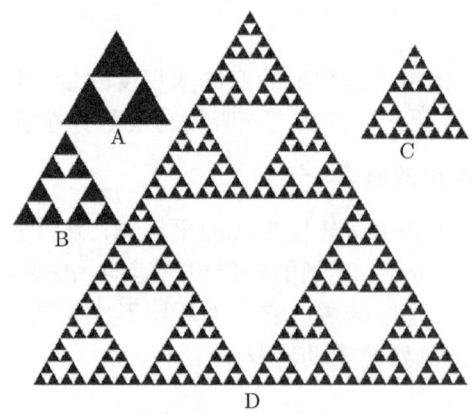

图 2-16 谢尔宾斯基三角形生成过程 (只示意了前四步)

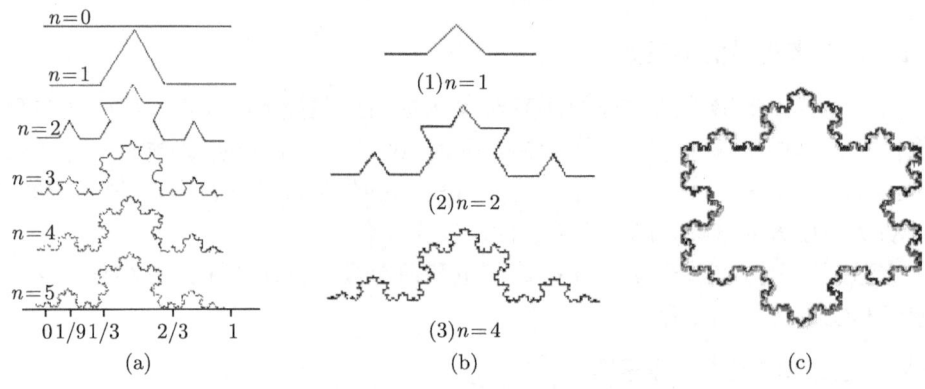

图 2-17 von Koch 曲线的构造

图 2-18 谢尔宾斯基/门格尔海绵

2.7 复杂性与自组织

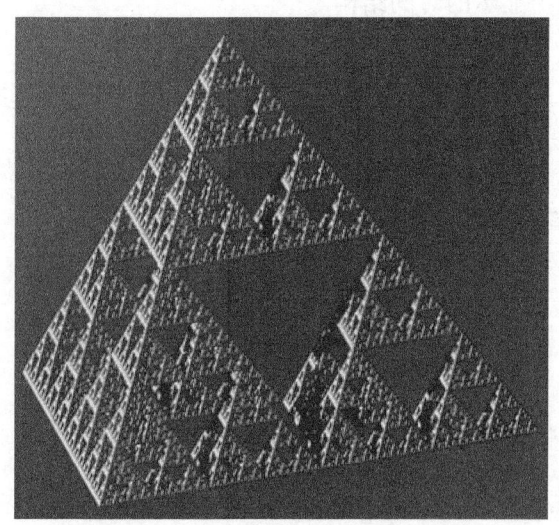

图 2-19 三维谢氏塔的自相似结构

2. 复杂性内涵的基本概念

复杂性内涵的基本概念包括：系统与组元，系统与环境，结构与功能，运动、结构与功能的层次性，运动与约束，非线性相互作用，正反馈与负反馈，有序与关联，运动形态的分支、对称性破缺与相变，平衡与非平衡，守恒与耗散，能量、物质、信息的交换与耗散，稳定性与失稳，自组织，决定论与随机性，涨落与临界现象等。

3. 复杂性科学

对系统复杂性，有两种理论描述方法。

(1) 守恒动力系统的复杂性：用非线性动力学、分叉、对称性破缺等理论描述；

(2) 耗散动力系统的复杂性：用非线性耗散动力学、涨落放大、分叉、自组织、耗散结构等理论描述。

2.7.2 自组织与耗散结构

下面举两个自组织与耗散结构的例子。

(1) 本纳德流：两个平行玻璃板之间水的流动，随两玻璃板之间温度差的增加，出现从均匀对流到本纳德花纹，再到湍流的转变。本纳德花纹是热力学非平衡约束下的自组织显示的空间结构，如图 2-20 所示。

(2) Belousov-Zhaotinski (BZ) 反应：将硫酸铈 ($Ce(SO_4)_2$)、丙二酸 ($C_3H_4O_4$) 和溴酸钾 ($KBrO_3$) 溶于硫酸，均匀搅拌，控制物质在反应器的时间，反应物会出现蓝色 (Ce^{4+} 颜色) 和红色 (Ce^{3+} 颜色) 在时间上的周期性交替变化。这是化学非平衡约束下的自组织显示的时间结构。

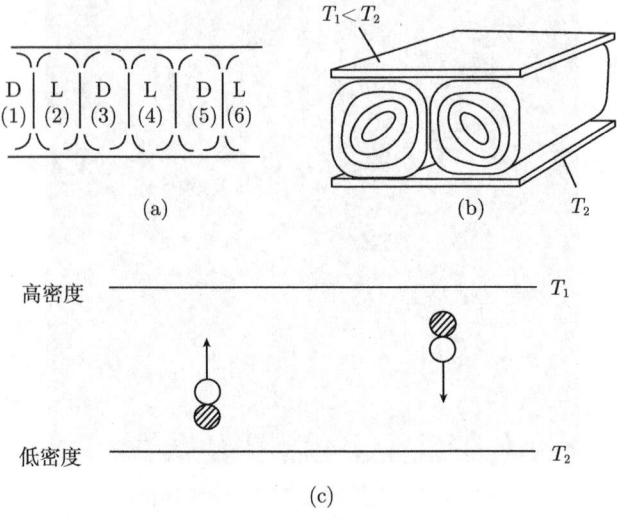

图 2-20　水对流形成本纳德花样

(a) 和 (b) 为对流 (本纳德) 水花，相邻两水花的旋转方向相反；(c) 为热对流产生的定性解释

自组织与耗散结构的物理定义: 自组织与耗散结构是与外界有物质、能量、信息交换的开放系统，是在非平衡约束下，由非线性相互作用建立起的其组元之间稳定的长程的时-空关联结构。

自组织耗散结构由涨落诱发，由非平衡约束挑选自组织模式，由非线性过程放大这种模式；自组织耗散结构的维持要消耗物质、能量和信息。

描述自组织与耗散结构的理论有协同学和耗散结构理论。

2.7.3　生物凝聚态

生物体是与外界环境有物质、能量、信息交换的开放系统，是在非平衡的物理、化学、生物、生态等约束条件下形成的具有适应性和遗传性的自组织的耗散结构和过程。

2.7.4　非平衡态物理学

非平衡态物理学研究湍流、图案的形成、混沌、分形、微摩擦、粒状流体等，它不同于作为其理论基础的更普遍的非平衡态热力学和非平衡态统计力学。

2.7.5　软凝聚态物理

软凝聚态物理学研究复杂流体、液晶、多层膜、蛋白质的折叠等。

参 考 文 献

[1] 冯端，金国钧. 凝聚态物理学新论. 上海：上海科学技术出版社，1992
[2] 冯端，金国钧. 凝聚态物理学（上卷）. 北京：高等教育出版社，2003
[3] 章立源. 超导理论. 北京：科学出版社，2003
[4] 阎守胜，甘子钊. 介观物理. 北京：北京大学出版社，1995
[5] 张立德，牟季英. 纳米材料和纳米结构. 北京：科学出版社，2002
[6] Anderson P W. Basic notions of condensed matter physics.Benjamin-Clummings, Menlo Park, 1984
[7] 哈肯，协同学. 上海：上海市科技出版社，1988
[8] 格兰斯道夫 P，普里戈京 I. 非平衡系统中的自组织. 北京：科学出版社，1986
[9] 尼科里斯 G，普里戈京 I. 探索复杂性. 成都：四川教育出版社，1992
[10] [美] 物理学评述委员会. 90 年代的物理学：凝聚态物理学. 北京：科学出版社，1994
[11] 国家自然科学基金委员会. 等离子体物理. 北京：科学出版社，1994
[12] 文小刚. 量子多体理论. 北京：高等教育出版社，2004
[13] 表面物理国家重点实验室资料：拓扑绝缘体. 2012；物理，2011，40(7)
[14] 石墨烯何以结缘诺贝尔奖. 计算机世界，2010，41；神奇的石墨烯. 百科知识，2010，20
[15] 表面物理国家重点实验资料：表面物理，2012
[16] 张翼，何珂，马旭村，等. 拓扑绝缘体薄膜和有限尺寸效应. 物理，2011，40(7)：434
[17] 吴克辉，李永庆. 拓扑绝缘体薄膜生长与栅电压调控输运特性研究. 物理，2011，40(7)：440
[18] 程鹏，张童，何珂，等. 拓扑绝缘体表面态的 STM 研究. 物理，2011，40(7)：449

第 3 章 原子、分子物理学与光学

3.1 引言

量子论和相对论的建立，在很大程度上依赖于原子、分子物理学和光学提供的知识；反过来，量子论和相对论又为这些学科奠定了理论基础。

原子、分子物理学与光学的任务是从原子、分子层次上研究物质的运动变化规律和性质，为相邻学科和高科技的发展提供理论方法、实验方法和基本数据。

高功率和多功能激光为原子、分子物理学与光学的研究提供了新机会，包括：

(1) 高精度地检验基本理论 (如标准模型)，测量基本常数；

(2) 分子过程和反应动力学过程的高时间分辨率的追踪研究，利用激光频率和相位相干性来控制和引导分子过程；

(3) 高强度激光与原子和强电磁场的相互作用的研究，推动 X 射线源和桌面粒子加速器的设计与制造；

(4) X 射线激光将导致生物分子结构的 X 射线激光全息照相；

(5) 改进囚禁、冷却和控制原子的方法，精心控制和利用原子、分子之间的相互作用；

(6) 利用玻色-爱因斯坦凝聚发展原子激光，用于制作计算机芯片、纳米机电系统和量子计算机；

(7) 飞秒 (10^{-15}s) 高功率激光开创了快化学过程的时间分辨研究和激光诱导化学反应方法，其超强电磁场可以从原子中剥离电子并加速到很高能量；通过对碰撞对象初始量子态的控制和对碰撞产物角分布的精密测量，使完全的碰撞实验成为可能，并可提供最详细的碰撞截面数据。

3.2 原子结构与原子动力学

原子物理学有三个主要研究分支：

(1) 物理学基本定律检验，即相对论和量子论以及粒子物理标准模型的高精度检验；

(2) 原子的结构及其与光的相互作用的研究；

(3) 原子与原子、电子、离子碰撞和相互作用的动力学的研究。

3.2.1 原子结构

原子结构指原子中电子的量子运动，这是复杂的量子力学多体问题，其目标是研究原子中电子的束缚态。

原子光谱：是指原子中电子的量子态跃迁产生的光子能谱(频率、线宽、强度、偏振等)，它们携带了电子的量子运动(原子结构)的信息，因此从原子光谱可以了解原子结构。

高离化态离子的电子结构：以此研究相对论效应和量子电动力学(QED)效应，以及多电荷离子光谱学。

松束缚原子：如微米尺度 (10^{-6}m) 的里德伯态原子和负离子，由于它们中的远离原子核的里德伯态电子的束缚能很小，所以这些电子之间的关联就可以突显出来。

双阱等效原子势：有些原子的内层电子的势能有两个被势垒隔开的极小，形成两个互相竞争的状态，受扰动时，电子在两个状态达到细致平衡，如 Ba^{2+} 出现奇特的现象。

强电磁场中的原子：强电磁场不仅强烈地扰动了原子自身的库仑场，而且改变了体系原有的对称性，并引进新的动力学对称性，使体系出现原子库仑场和外界电磁场共同支配下的新的结构和运动形式。例如，强磁场中的氢原子会出现由原子核电场和外界磁场共同支配的从规则运动向混沌运动的转化，该问题至今未完全解决。

原子体系的瞬态：指描述多电子体系的与时间有关的动力学过程，其中包括电子–电子关联、电子–原子核的能量和动量交换、准分子态、连续态与束缚态之间的耦合、时间有关动力学过程中的(近似的)守恒定律和隐蔽的对称性。使用交叉粒子束碰撞、粒子阱和飞秒激光等技术可实现对上述过程的研究。

多电子动力学：研究多电子关联与集团运动(如 H^- 的双电子关联态)、高激发态原子、空心原子光谱学以及原子、分子的多光子吸收与激发。

相对论效应与 QED 效应：二者主要影响重元素内壳层里在强电场中高速运动的电子。通过内层电子(轨道收缩)影响外层电子；对于周期表中第六或第七类元素，相对论效应不可忽视，而多电子体系的 QED 效应是个挑战。

原子结构问题：是指用相对论性 QED 处理多电子问题，当前的困难问题是如何使用多体系的相对论性哈密顿量对结合态中的推迟效应加以正确处理。

3.2.2 原子动力学

原子动力学的任务是研究原子碰撞、相互作用引起的变化和反应的过程与规律，并用碰撞和反应截面(概率)对这些过程加以描述；结构和光谱学研究的是原子的定态和束缚态,而碰撞、散射与反应动力研究的是原子的瞬态和非结合态,二者互为补充。

碰撞的种类包括弹性散射、共振散射、非弹性散射、复合反应等。上述分类是按碰撞时间和内部运动模式的特征响应时间来划分的。

电子–原子 (离子) 碰撞 (电子能量 E_e 高于电离阈值) 必须考虑电子连续能谱的共振结构和多电子共振态。

双电子复合的反应过程如下：电子与离子碰撞,导致离子的价电子激发至里德伯电子,而入射电子自身被离子俘获,随后离子的这个价电子辐射回归,双电子复合完成。这一过程要求电子能量 E_e 略低于离子激发能,是等离子体中的发生的重要过程。

超慢碰撞：在超慢碰撞中,碰撞时相对运动速率比内部运动的特征速率小,碰撞中系统内部电子运动绝热演化,因此可研究与绝热运动相关的奇特现象和多电子关联。

分子与里德伯原子碰撞：研究分子振动和转动能向原子的电子激发能转移。

多电子原子与多电子原子的碰壁：研究对称性导致的近似守恒定律。

正负电子与原子散射的比较：奇异的现象是,低能电子对 He、H_2 的散射截面比相应的正电子的散射截面大 100 倍,在能量高于 125eV 时趋于一致。

$U^{92+} + U^{92+}$ 碰撞中正负电子对产生：当原子核的电荷数 $Z \geqslant 173$ 时,核电荷周围的真空变得不稳定；当真空中出现正负电子对时,系统的能量反而更低,这时超强电场会撕裂真空产生正负电子对。

原子内层空位的产生：原子的内层电子通过原子碰撞形成的分子轨道而转移到高能级,从而在内层形成电子空位。

3.2.3 近期发展

(1) 用激光囚禁和冷却原子与离子 (温度小于 1μK) 提供了一种操纵和控制原子和离子的有效方法。

(2) 原子囚禁开辟了高精度光谱测量,提高了对基本物理常数测量的精度；同时也改进了原子钟的精度,提出了原子喷泉的设想。

(3) 基于激光囚禁和冷却原子的技术,实现了玻色–爱因斯坦凝聚,1995 年观察到 Rb、Na、Li 等原子的 BEC 凝聚,1998 年观察到氢的凝聚。

3.3 高精度测量与基本定律的检验

3.3.1 高精度测量

原子时钟的稳定性已高于 1×10^{-14},氢的 1s → 2s 能级跃迁频率测量精度达

3×10^{-13}; 对电子反常磁矩的测量精度达到 4×10^{-8}，确认了正负电子的磁矩在 5×10^{-11} 范围内相等; 对里德伯常数和氢的 1s 能级的兰姆位移 (精度达 9×10^{-6} 以上) 的持续一年的高精度测量，将给精细结构常数的宇宙学变化确定一个新的极限。

3.3.2 对基本定律 (如弱电统一理论) 的检验

1997 年，人们用 Ce 原子束激光实验检验宇称不守恒的精度达到 3.5×10^{-4}; 对电荷共轭–宇称–时间反演 (CPT) 不变性的验证精度达 10^{-13}。1997 年，人们直接测到了卡西米尔吸引力; 对铀的类氢、类氦离子 U^{91+}、U^{90+} 的兰姆位移的精密测量，验证了强库仑场中的 QED 高阶效应。

3.4 分子结构与分子动力学

分子物理学的任务是了解基本分子的行为，包括对分子结构与分子碰撞和反应动力学的研究。

分子物理学跨越物理学和化学两个学科，是物理学通向化学的桥梁。

分子物理学研究的主要手段是激光光谱技术和分子束技术，凭此技术，可以制备简单分子的任何所需的量子态，产生新分子种。

3.4.1 分子结构

研究分子结构的目标是对分子中三种量子运动形态有详细的了解，包括分子中电子的量子运动、分子中原子核的振动和转动。电子运动包括单电子运动和多电子关联运动，振动和转动则是涉及原子核的集体运动。

(1) 孤立分子物理学：用可调谐的激光、同步辐射激光和分子束技术，可制备处于所需量子态的简单分子并研究其结构，包括简单分子的基本成键和电子特性，电子和核在分子场中的联合运动，分子受激的产生、演化和衰变，瞬态新分子种 (如强活性的离子、自由基和亚稳分子)，以及能量在分子各振动模式间的流动。

(2) 里德伯分子：是高激发态分子，一个里德伯能级上的电子所处的轨道半径比分子的离子实半径大很多，而且该轨道是非球形、可极化的，原子核的振动和转动的频率比里德伯电子的运动频率快，绝热近似失效。

(3) 长程分子：对处于高振动态的分子，原子核的最大分离距离是原子半径的 5 倍多，长程力决定了原子–原子复合率和非弹性碰撞截面以及气体输运系数。

(4) 开壳分子：这类分子中有一个原子 (过渡金属或稀土原子) 的电子内壳层未被填满，该原子实因为具有角动量而各向异性，对化学环境敏感，具有众多的低能级电子态。

(5) 氢键分子：氢键分子中的氢键与离子偶极键一样，是最重要的分子化学结合力，它控制着对生命极为重要的从水到 DNA 之类的物质的性质。氢键对环境敏感，应在气态情况下研究。当生物分子掺杂了具有氢键的杂质后，显示半导体性质。

(6) 多原子分子的振动结构：在这类分子中，简谐近似失效，出现大振幅振动和非线性效应。能量在分子中的局域性分布状况、振动--转动的精细结构以及分子离子 (中性分子加一个质子或电子) 都是有趣的研究课题。分子离子在溶液化学、大气化学、星际介质和火焰的研究中起关键作用。

(7) 范德瓦耳斯分子：范德瓦耳斯分子是弱键分子，由稳定分子和惰性原子组成，靠很弱的范德瓦耳斯力结合成分子。

3.4.2 分子碰撞和反应动力学

(1) 用皮秒 (10^{-12}s) 和飞秒 (10^{-15}s) 激光脉冲技术和分子束技术研究在确定的量子态下原子--分子碰撞时电子的相关运动。

碰撞中，炮弹和靶的相对运动的能量和角动量转化为分子内部运动的能量与角动量，引起分子内部的激发和各种反应，使分子从一个量子态向另一个量子态的跃迁，造成电子运动和原子核的振动、转动之间的耦合与能量转移。原子--分子碰撞中的能量、动量和角动量 (平动、振动和转动能量) 的转移过程是研究的重点。

(2) 在激光场中的碰撞：目的在于研究激光的吸收与发射对碰撞、反应过程的影响，开辟用激光控制反应产物的道路。用多光子吸收产生的离解来研究 (半碰撞的) 分离碎片的动力学。

(3) 冷分子离子的库仑爆炸成像：高速分子、离子穿过薄箔，其中的电子对分子、离子的振动、转动而言，瞬间被剥离，分子、离子中的几个原子核发生库仑爆炸，测量碎片速度可得振动、转动的瞬间几何构形，如测得 CH_2 的弯折角为 $140°$，弯折能为 0.1eV。

(4) 分子的光致电离：分子吸收光子而发射出电子，有以下三种情况。

1) 分子自电离：分子吸收光子后，处于分离的正能态——即由一个受激的里德伯电子和一个受激的离子组成的量子态，离子把激发能转给里德伯电子而使其逃离分子，离子的激发可以是电子激发、振动激发或转动激发。

2) 分子场中的形状共振：在分子平均场和电子的离心势形成的位垒束缚下，形成分子的准束缚量子态，电子随后通过量子隧穿而逃离分子；由于分子平均场很强，对分子环境的变化不敏感，所以形状共振是揭示中短程分子力的有力工具。

3) 共振多光子电离：在强激光作用下，分子可吸收多个光子而激发振动、转动能级，然后发射电子，出现共振性多光子电离，可用来探测高激发态。

(5) 电子--分子碰撞：电子--分子碰撞类似于电子--原子碰撞，可产生丰富的不同种类的共振结构;由于分子存在偶极矩、四极矩等高阶矩,分子场是各向异性的,加之原子核运动的参与,使现象更为丰富。

(6) 态–态化学反应:态–态化学反应能测得化学反应的初态和末态的所有重要的量子数,已在最基本的分子碰撞中实现。依靠的实验手段是:①具有极窄的速度分布和很低内部温度(几开尔文)的高强度超声分子束;②对量子态高分辨率的可调谐的染料激光器。对 HD + He 碰撞,已测得从单一转动态到每一个末态的具有很高分辨率的微分截面。转动的态–态碰撞是分子体系最基本的能量转移形式,在超声膨胀、气体激光器、大气物理等方面起决定性作用。

(7) 辐射碰撞:在辐射场中的碰撞过程不同于真空中的碰撞,辐射场参与了碰撞的中间过程进而影响了碰撞结果。例如,激发态锶与基态钙的碰撞,没有染料强激光辐照时是弹性碰撞;有辐照时,激发能从锶转移到钙,激光和碰撞过程中形成的分子能级发生共振。辐射碰撞与一系列基本分子现象有关,具有应用价值。辐射对生物(生化过程)的影响与此有关。

(8) 极低温反应反常:$NH_3^+ + H_2 \longrightarrow NH_4^+ + H$ 反应,随温度下降有一极小值,然后迅速增长。在星际介质中(温度 10~20K),这一反应重要。

3.5 介质环境中的原子和分子

3.5.1 固体中的杂质原子

晶体场要改变杂质原子的电子结构。在晶体场中,电子有效质量变了,电子间的等效相互作用变了,因而原子(离子)结构也变了。从实验已知固体中的杂质原子的外层电子,其能级及相应的红外光谱要发生变化。

3.5.2 液体(水)中的杂质分子

液体分子场也要改变杂质分子的键性质,特别是生物分子的氢键对环境十分敏感,已知水会引起生物大分子三级结构的变化。

3.6 原子的控制与操纵 —— 分子剪切与原子组装

3.6.1 控制和操纵的手段

控制和操纵原子的手段有以下几种。
(1) 电磁陷阱囚禁粒子的技术;
(2) 激光技术:激光镊子,激光定向量子态激发;
(3) 激光囚禁与激光冷却原子的技术;
(4) 量子阱、人造势场和边界条件对电子和原子的控制;

(5) 隧道扫描探针对原子的操纵与控制 (图 3-1)；

(6) 分子束外延技术；

(7) 控制原子和光子的微腔技术。

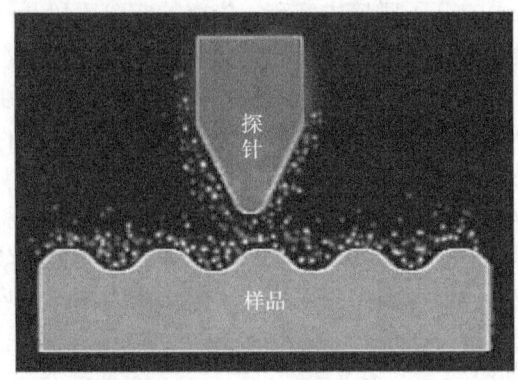

图 3-1　样品表面与针尖的电子云图

3.6.2　控制和操纵原子的类型

(1) 量子态定向激发：量子跃迁的控制；

(2) 空间维度的控制：通过准二维、准一维、准零维等系统控制；

(3) 势场的控制：通过势场对粒子量子运动的控制；

(4) 边界条件的控制：通过边界条件对粒子量子运动的控制；

(5) 原子、分子的剪切和搬运；

(6) 原子、分子的组装；

(7) 寿命和稳定性的控制：通过腔场或晶体环境控制量子态的寿命和稳定性。

3.6.3　实例 (图 3-2～图 3-11)

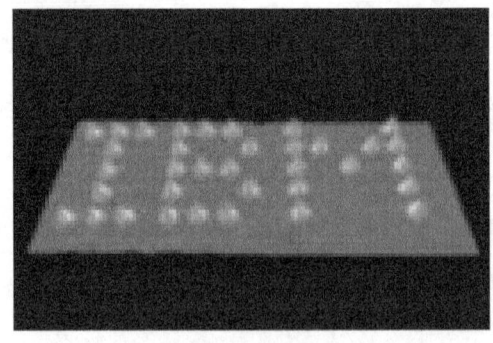

图 3-2　移动 35 个氙原子排成了 "IBM" 字样

3.6 原子的控制与操纵 —— 分子剪切与原子组装

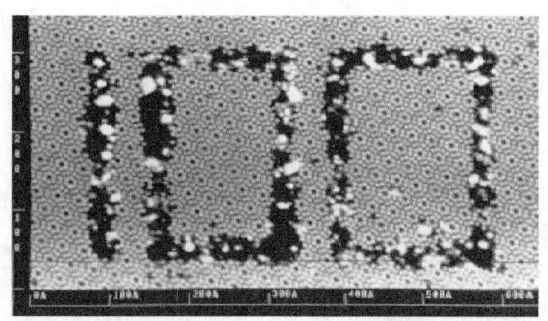

图 3-3 1994 年初，中国科学院物理研究所的研究人员成功地利用一种新的表面原子操纵方法，通过 STM 在硅单晶表面上直接提走硅原子，形成平均宽度为 2nm(3~4 个原子) 的线条。从 STM 获得的照片上可以清晰地看到由这些线条形成的 "100" 字样和硅原子晶格整齐排列的背景

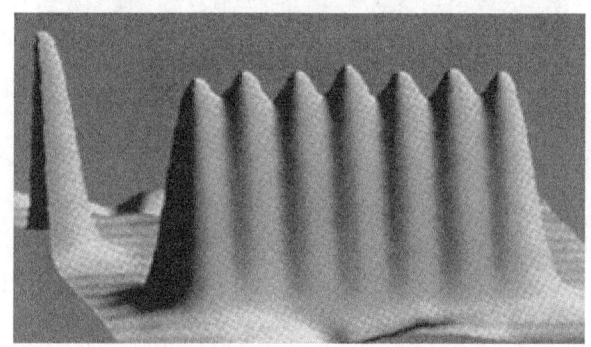

图 3-4 单个氙原子 (尺度为 0.1nm) 已被排列成了一列

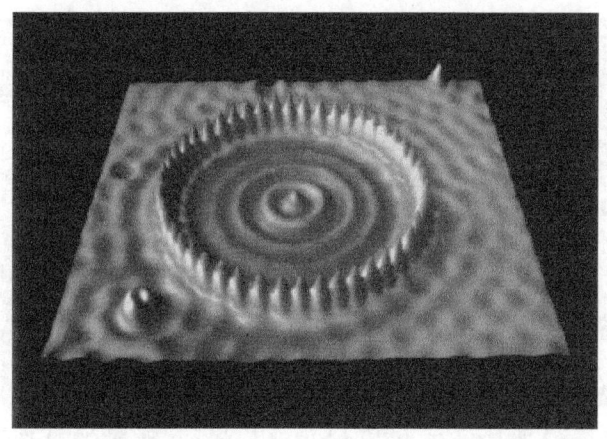

图 3-5 用扫描隧道显微镜搬动 48 个 Fe 原子到 Cu 表面上构成的量子围栏

图 3-6 硅表面 7×7 重构图

图 3-7 硅表面硅原子的排列

图 3-8 用扫描隧道显微镜观察到砷化镓表面砷原子的排列

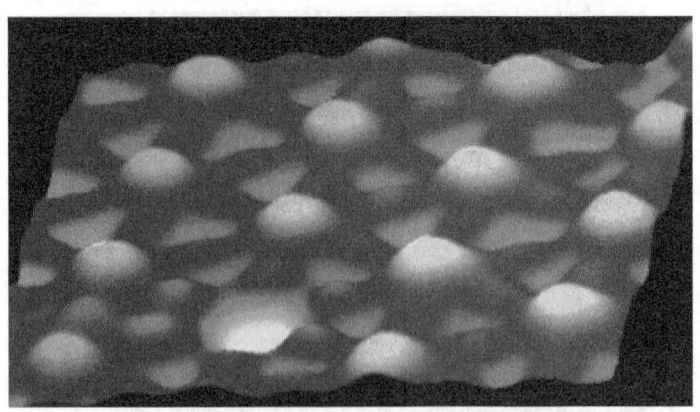
图 3-9 吸附在铂单晶表面上的碘原子 3×3 阵列 STM 图像

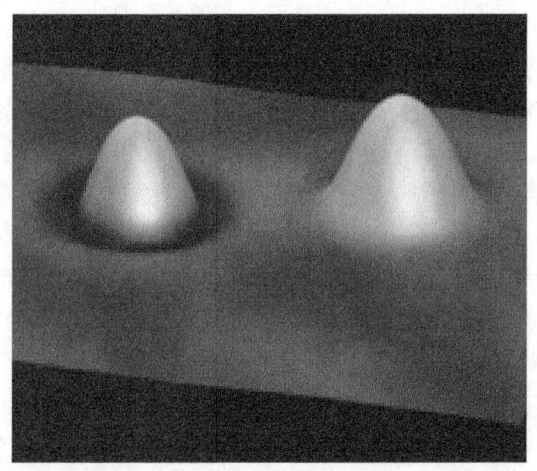

图 3-10　扫描隧道图像显示的一个中性金原子 (右侧) 与一个带负电荷的金原子相伴

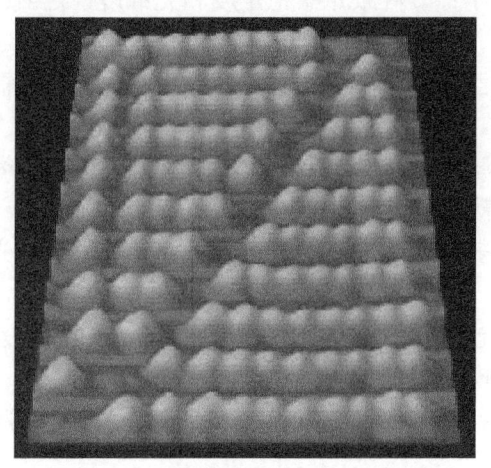

图 3-11　纳米神算子 —— 分子算盘

3.7　光　　学

3.7.1　现代光学

现代光学是关于电磁辐射和光与物质相互作用的物理学，它包含光的产生和检测、线性和非线性光学过程以及光谱学。光学是与经济技术密切相关的学科，在美国，与光学有关的产品占国内生产总值 (GNP) 的 20%。

新型激光器、新颖光源、光谱学、非线性光学推动了现代光学的发展，还将进一步推动光学的发展。

新型光源：当前已有的新型光源包括半导体二极管激光器(用于红外光谱学和光纤通信)、可调谐染料激光器(导致高分辨率光谱学革命,可用于制备新的原子、分子、离子态)、准分子激光器(工作物质是惰性气体卤化物,如 XeF 非束缚的范德瓦耳斯分子,能量储存于电子激发态)、自由电子激光(相对论性电子在周期性偏转磁场——摇摆器中辐射的从红外到紫外的高强度的相干辐射)、铷玻璃激光器(可用于超强激光诱发核聚变)、基于激光的紫外和 X 射线源等同步辐射激光源。

目前,人们正寻找从远红外到 X 射线的高效率的新型激光器,发明新的相干倍频技术,用多光子激发和内壳激发产生的从远紫外到 X 射线短波的激光辐射,发展超强超快飞秒脉冲技术

3.7.2 光学的主要分支学科

1. 激光光谱学

超精密激光光谱学：染料激光器稳定度和光纯度已达到 1×10^{-12},波长测量精度达到 1×10^{-8}。

超灵敏光谱学：运用强激光共振光致电离,可以激发和探测到单个原子;利用物质对激光的吸收谱,可测微量物质。

无多普勒效应的激光光谱学：用正反两束激光进行光谱检测,可消除一阶多普勒效应,但二阶多普勒效应仍然存在。

激光制冷：二阶多普勒效应与粒子能量成正比,通过激光制冷(到 mK 以下)来消除。

超窄光学跃迁：把光激发的杂质原子嵌在固体中,使之没有反冲,因而谱线很窄,类似于穆斯堡尔效应。

相干拉曼光谱学：用激光代替普通光散射进行拉曼光谱学检测,可以排除荧光和背景光的干扰。

2. 量子光学

量子光学运用微腔场等技术控制原子的激发和光子的统计性质,产生新型相干态(如各种压缩态、反聚束等非经典激光),研制光学双稳器件与光学逻辑元件,研究原子与超强激光相互作用等非线性光学现象。

3. 腔场量子电动力学

腔场量子电动力学研究处于里德伯高激发态原子与微腔微波和毫米波辐射相互作用的动力学;通过微腔技术可以改变电磁真空的状态,控制原子的辐射过程、衰变行为和寿命。

法国的塞尔日·阿罗什(Serge Haroche)和美国的大卫·维因兰德(David

3.7 光　　学

Wineland) 因发明离子阱和腔场量子电动力学 (腔-QED) 实验技术, 研究原子调控和原子与微腔光子相互作用而获得 2012 年诺贝尔物理学奖。其应用是对量子态的调控, 涉及量子计算和量子信息、量子力学基本原理的验证和量子频标。

4. 飞秒激光光谱学

飞秒激光可追踪分子振动和转动、非平衡和化学反应等过程。飞秒激光脉冲的时间宽度已达 10^{-15}s, 空间长度仅为激光的几个波长。飞秒激光追踪对象的特征时间为: ①分子振动周期为 $10^{-14} \sim 10^{-13}$s; ②转动周期比振动周期约长一个量级; ③半导体中电子的热平衡弛豫时间为 $10^{-14} \sim 10^{-13}$s; ④分子中质子和电子转移时间为 $10^{-14} \sim 10^{-15}$s。

5. 强激光

强激光可以通过如下的啁啾放大技术获得: 种子脉冲 → 展宽 → 放大 → 压缩 → 展宽 → 压缩, 功率可提高 8 个量级。我国制成的强激光性能如下。

神光一号: 1.4TW/2.4fs, 6×10^{17}W/cm^2。

神光二号: 20TW/2.4fs, 3×10^{19}W/cm^2。

原子核附近的电场与强激光的电场的比较:

原子核附近的电场: 10^9V/cm; 强激光的电场: $> 10^9$V/cm。

用强激光的电场实现: ①激光核聚变: 靠激光产生的高温、压缩、超强电场引发的加速和碰撞效应, 达到核聚变条件; ②激光加速器: 靠超强电场加速带电离子, 可产生兆电子伏的电子, 用于设计小型桌面加速器。

6. 非线性光学

利用单晶材料和微结构材料可产生非线性光学性质, 实现对光的振幅、相位、频率、偏振的控制。

7. 光子晶体

光子晶体是指一类特殊的晶体, 其光学介电常数的数值在空间形成某些光波波长尺度的周期性分布, 造成光波在周期性介电场中的传播, 形成光子的能带结构。

3.7.3 电磁场引起的透明

电磁场引起的透明 (EIT) 是利用三能级原子与两束激光的相干性作用, 其中的耦合激光束抑止原子向高能级跃迁, 使试验激光束无吸收地透过原子介质, 同时使介质中的光速变慢, 产生很强的非线性效应。电磁场引起的透明可实现光能的储存, 光信息在原子体系中的相干储存、转换与加工。

参 考 文 献

[1] Black P, Drake G, Jossem L. 物理 2000:进入新千年的物理学. 赵凯华, 等译. 北京:北京大学出版社, 2000
[2] [美] 物理学评述委员会. 90 年代物理学:原子、分子物理学和光学. 北京:科学出版社, 1993
[3] 国家自然科学基金委员会. 自然科学学科发展战略调研报告:光物理学. 北京:科学出版社, 1994
[4] 张哲华, 刘莲君. 量子力学与原子物理学. 武汉:武汉大学出版社, 2004

第 4 章　原子核物理学

4.1　引　言

原子核是物质的核心部分，构成了宇宙已知总质量的 99.9%。原子核位于原子的中心，其体积为原子体积的万亿分之一，具有极大的物质密度，是最重要的量子体系，也是展现量子力学规律的最重要的客体，揭示强相互作用的天然实验室，核能的宝库。

20 世纪，原子核物理学在科学中占据着重要的地位，它的研究成果对社会做出了重大贡献，产生了重大影响；它的实验和理论方法促进了邻近学科和技术的进步。

粒子物理学的发展对核物理学有强烈的影响，它使核物理学从研究核子 (质子和中子) 系统的量子核子动力学 (QND) 转变成研究由夸克组成的强子系统的量子强子动力学 (QHD)。现代原子核物理学已经突破了只研究原子核的传统界线，成为研究强子物质和原子核以及它们的组成、性质和相互作用的科学。

核素图 (图 4-1) 是在质子数和中子数 (Z, N) 的坐标平面上列出原子核的基本性质的图表。在核素图上，自然界有稳定的或长寿命的原子核约 300 种，稳定原子核的中子数与质子数之比约为：$N/Z \approx 1.6$。偏离这一比例很多的原子核称为丰中子或丰质子原子核，它们会变得不稳定，由这些不稳定原子核形成的最外边界线称为中子滴线和质子滴线 (意思是在这条边界线外再加中子或质子就会滴下来)，这两条滴线之间界定了一个可以存在原子核的岛，称为核素岛；两条滴线之间可能存在的不稳定原子核约有 6000~8000 种，称为放射性核素，它们参与了天体演化和宇宙核素合成的过程，在地球上已不复存在，但可以用人工的办法 (在加速器上进行的核反应) 产生。Z 大于 92 的原子核称为超铀元素，Z 大于 100 的原子核称为超重核，已合成 $Z=117$ 的超重核 (我国已合成 $^{259}Dy_{105}$ 等超重核)。核素岛中部的中等质量的原子核结合得较紧、较稳定；Z 大的原子核由于库仑排斥力变得不稳定，倾向于往中等质量的原子核裂变；Z 小的原子核则由于强大核力吸引倾向于熔合成中等质量的原子核，并释放出多余的能量。这就是核能利用的核裂变途径和核熔合途径。库仑力与核力的竞争决定了原子核的基本性质。

天体物理学的发展造成了它与粒子物理学和核物理学的交叉。宇宙演化早期的物质状态、元素的形成和演化、恒星的演化、中子星等致密天体的性质、中微子和暗物质的探索等，都需要粒子物理学、核物理学和天体物理学的共同努力。天体核物理学和天体粒子物理学这两门交叉学科便应运而生。

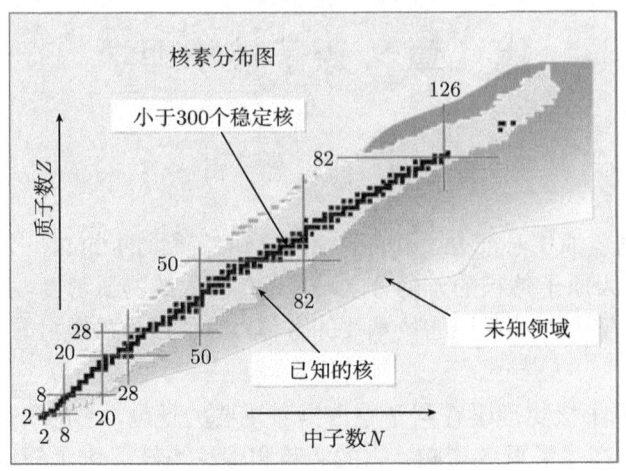

图 4-1　稳定核和放射性核素图

当前，原子核物理学基础研究有两个前沿：

(1) 基于放射性束流装置的远离 β 稳定线原子核的研究。这些人造的 6000~8000 种不稳定的原子核具有不同于稳定核的结构、反应和衰变特性，对它们的研究不仅会促进原子核理论学的发展，而且还有难于预料的应用前景。

(2) 基于 QCD 的原子核物理学。粒子物理学与核物理学的交叉使核物理学的研究深入到夸克的层次，把原子核物理学从量子核子 (质子、中子) 动力学 (QND) 经过量子强子动力学 (QHD)，推进到夸克–胶子动力学 (QCD)。基于 QCD 的原子核物理学成为另一个研究前沿。

在原子核物理学应用方面，核武器和核能的利用仍然是当今社会关注的热点。核武器小型化、发射的机动性、反拦截和精确击中目标，是世界上各核大国追求的目标。核能的利用的近期目标是发展清洁的、可再生的裂变反应堆 (如加速器驱动的核反应堆)，长远目标则是使核聚变反应堆能投入工业运行。与上述核武器和核能的利用有关的原子核物理学的应用基础研究正在加紧进行。

4.2　低能原子核物理学：结构与反应、裂变与衰变问题

4.2.1　作为质子、中子组成的强作用系统的原子核

低能原子核物理把原子核看成由质子和中子组成的量子多体系统，强相互作用起支配作用，弱作用和电磁作用也参与了原子核内的过程。由于能量低，夸克和

胶子的自由度不能明显地表现出来，但其低能效应仍然存在，常常以介子的形式表现出来。卢瑟福因发现原子核，查德威克因发现中子而分别得诺贝尔物理学奖。

4.2.2 低能核物理学有结构、反应与衰变三方面的问题

1. 原子核结构

原子核有三类运动模式：平均场支配下的独立粒子运动（原子核的壳层结构），与原子核变形有关的集体运动（振动和转动），以及核子关联产生的集团运动（如核子对关联、α集团等）。新的运动模式还在不断发现（如各种形式的巨共振，新集体运动模式，核内量子无规或量子混沌运动等）。Mayer 和 Jensen 因发展原子核壳层模型，Bohr、Mottelson 和 Rainwater 因发展原子核的集体运动模型分别获得诺贝尔物理学奖；Arima 和 Iachello 因发展原子核集体运动的相互作用玻色子模型 (IBM) 而获美国最高物理学奖。

2. 原子核反应

原子核与原子核碰撞会发生核反应。已知的原子核反应类型有势场散射、少数核子参加的直接反应、较多核子参加的中间过程反应、几乎所有核子都参加的复合核反应，以及重离子核反应。低能核反应特别是低能重离子核反应研究的重要成就是发现了中子和质子晕核，产生了大量的放射性核素。它的主要目标是合成超重核，其趋势是使反应条件精细可控制，反应截面的测量更精确、更细致，提供尽可能详细、准确、实用的数据，特别是获得快中子裂变、熔合反应以及天体核过程的关键数据。而高能重离子核反应的主要目标则是提取核物质物态方程的信息和产生夸克–胶子等离子体 (QGP)。在应用方面，产生高通量快中子的核反应正用于驱动核反应堆，发展可再生的清洁核能源。Bethe 因发现太阳燃烧的核反应链而获得诺贝尔物理学奖

3. 原子核裂变

超铀原子核由于库仑排斥力很强而倾向于发生裂变。当前原子核裂变研究集中在诱发核裂变，主要是为了发展中子核武器和加速器驱动的清洁核能源。Hahn 因发现原子核裂变而获得诺贝尔物理学奖。

4. 原子核衰变

除常规的 α、β、γ 衰变外，人们又发现了新的核衰变模式，如发射重核（碳 C、氖 Ne、镁 Mg、硅 Si）的衰变、双质子衰变、质子或中子延发衰变等。贝可勒尔因原子核放射性的发现、居里因放射性原子核的研究而分别获得诺贝尔物理学奖。

总之，20 世纪传统的低能核物理有着辉煌的历史，对科学与人类做出了杰出的贡献。

4.3 放射性核与超重核

4.3.1 核物理在广度和深度两方面面临着巨大变革

1. 对 21 世纪核物理发展前景的两种观点

对 21 世纪原子核物理学的前景，有两种看法：悲观看法与乐观看法。

(1) 50 年来核物理学缓慢的量的发展，产生了无所作为的悲观看法：21 世纪核物理学不会有大的发现，核物理学家不会有大的作为。

(2) 乐观看法认为，核物理学长期的量的积累孕育着新的质的飞跃；核物理学在广度和深度两方面都面临着巨大变革。

2. 21 世纪核物理面临的变革与机遇

(1) 在广度方面的变革与机遇。重离子装置与放射性束流装置提供了人造的极端条件，使核物理学的研究从自然核的研究发展到人造核的研究。放射性束流核物理研究是世界的前沿，是我国研究的重点；6000~8000 种人造的新核素使核物理学的研究领域扩大了 20 倍。我国的重离子加速器实验室见图 4-2。

图 4-2 我国位于兰州的重离子加速器国家实验室

已建成具有国际先进水平放射性核束流装置和冷却储存环 CSR

(2) 在深度方面的变革与机遇。介子探针与轻子探针装置把原子核深层次的夸克和胶子自由度显现出来，使原子核物理学的研究从量子核子动力学 (QND) 所描述的核子层次，经量子强子动力学 (QHD) 达到量子色动力学 (QCD) 所描述的夸克和胶子层次。基于 QCD 的原子核物理学是另一个研究前沿，是全新的、充满机遇的领域。把 QCD 对强子物理学的应用和 QED 对原子分子和凝聚态物理学的应用作一类比，可以看出：20 世纪 QED 在原子、分子和凝聚态物理学中的应用导致许多重大发现与诺贝尔奖；21 世纪 QCD 在核子、强子和原子核物理学中的应用也许将导致许多重大发现与诺贝尔奖。

4.3.2 在广度方面的挑战与机遇：放射性束流核物理开创的新天地

1. 人造极端条件下的核物理的研究

(1) 极端高自旋条件下的核物理：研究原子核能承受的角动量有多大，与此相关的原子核能承受的形变有多大？目的在于了解惯性力 (离心力、科氏力) 与核力竞争下的核现象，按照等效原理研究引力与核力的竞争。

(2) 极端高温高密度条件下的核物理：研究原子核能承受的核温度有多大，动能与势能竞争下的核现象和原子核的液–汽相变。

(3) 极端同位旋条件下的核物理：研究远离 β 稳定线的原子核的中子数和质子数之差 $|N-Z|$ 能有多大？中子和质子滴线在哪里？库仑力与核力竞争下的核现象；该项研究已发现原子核运动的新形态：中子晕与质子晕；也研究超重核的 (A,Z) 能有多大？超重岛存在吗？原子核结合的本质是什么。

2. 远离核与超重核的实验研究

1) 远离核

2005 年全世界已有 10 台放射性束流加速器投入使用，开展远离核研究。

发现的远离核有中子晕核 (如图 4-3，图 4-4) (^{6}He$_2$(2)，^{11}Li$_3$(2)，^{11}Be$_4$(1)，^{14}Be$_4$(2)，^{17}Be$_4$，^{17,18,19}B$_5$(2)，^{17,19,22}C$_6$(1,2)，^{22}N$_7$(1)，^{23}O$_8$(1)，^{26,28}O$_8$ ^{24,26,29}F$_9$(1,2)，^{29}Ne$_{10}$(1)) 和质子晕核 (^{8}B$_5$(1)，^{9}C$_6$(1)，^{12}N$_7$(1)，$^{26\sim28}$P$_{15}$(1)，^{23}Al$_{13}$)。

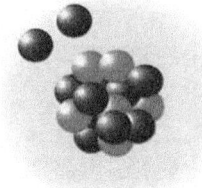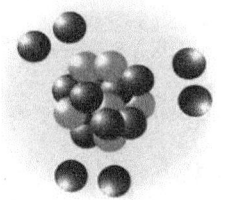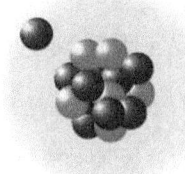

图 4-3　中子晕核示意图

远离核的结构：已发现远离核中存在中子 (质子) 皮、中子 (质子) 晕、核子对、核子集团；远离核结构中还有什么特点？是否存在小滴纯中子 (质子) 物质？滴线在哪里？平均场理论对远离核适用吗？

远离核的衰变：有新类型、新机制。

远离核的反应：远离核参加的核反应也有新类型、新机制。

绝大多数远离核参与了星球元素的合成过程。

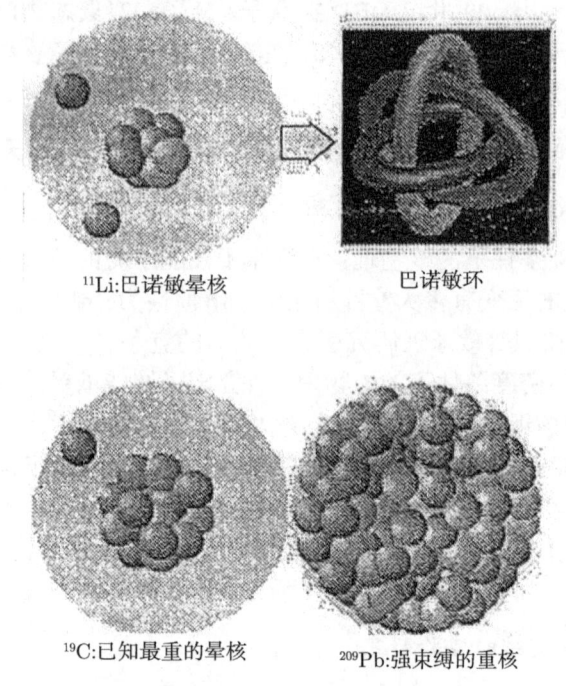

图 4-4　中子晕核 ^{11}Li 和 ^{19}C 的大小和运动示意图

2) 超重核

结构研究要回答的问题有：超重岛在哪里？$Z=114$？118？126？超重核是准分子结构还是复合系统结构？

衰变研究要回答的问题有：主要衰变形式是什么？除 α、n、f 以外，还有什么形式？

反应研究要回答的问题是：用什么反应机制产生超重核？是冷熔合吗？

3. 远离核与超重核的理论研究

研究表明，基于平均场和剩余相互作用的传统理论需要改造更新，也需要发展多中心平均场理论，包含集团的核结构理论和离散谱–连续谱耦合的平均场理论。

1) 远离核

远离核研究面临如下问题。

结构问题：在壳层结构理论中可能存在老壳消失和新壳产生的问题。按传统理论，产生壳层结构的因素包括平均场、自旋–轨道 (l-s) 耦合力、成对力和泡利原理等。目前描述解释中子 (质子) 皮和晕的传统平均场理论是否够用？是否需要发展双中心、三中心平均场理论？如何发展原子核的弱结合态、连续谱、正能结合

态 —— 共振态的核结构理论？需要研究剩余相互作用在结构稳定性中的作用，发展基于相对论平均场理论 (RMF) 的组态混合壳模型，特别要发展描述核内集团结构的理论；当集体运动成为集团的相对运动时，如何超越玻尔-莫特逊 (B-M) 模型，对其进行描述？

反应问题：光学模型、直接反应、中间过程反应和复合核反应等传统理论对远离核参与的核反应是否够用？如何描述集团转移与重组以及不同反应道的强耦合？

衰变问题：如何描述基于集团重组的衰变和散裂以及不同衰变道的强耦合？

2) 超重核

世界上已合成 $Z=111, 112, 113, \cdots, 117$ 的原子核，中国合成了 $^{259}Dy_{105}$ 等原子核。超重研究面临如下的问题。

结构问题：如何预言超重岛？液滴模型 + 壳修正这类模型可行吗？Z 在哪里结束？超重核是什么样的结构，是准分子还是复合系统？研究其结构的理论是相对论平均场理论 (RMF) 吗？超重核结构研究中面临剩余作用与组态混合的处理、正能结合态的稳定性、能量在各自由度特别是在动能与势能之间的分配等一系列问题。正能结合态和正能非结合态的耦合与竞争问题、位垒穿透等问题特别重要，并且很困难。

衰变问题：衰变模式除 α、f、n、p 等衰变外，还有哪些？有准分子散裂吗？位垒与位垒穿透如何精确描述？衰变模式与合成途径密切相关。

关键问题：对弱耦合或正能结合态系统，剩余作用、组态混合、能量分配与势能化对结构稳定性起着十分重要的作用。因此，对远离核和超重核的描述必须考虑剩余作用、组态混合、正能态连续谱，才能作出正确的描述。基于 RMF 的组态混合壳模型或集团结构模型，也许比多中心平均场理论更简洁有效。在 RMF 中，介子场能更好地描述核内介质效应 (介子场的质量重整化效应和储能效应)。

4.4 中高能原子核物理学

当前，中高能原子核物理学研究体现了原子核物理学研究向纵深的发展，在核子层次以下研究核内介子，基于 QCD 研究核内夸克自由度以及重离子碰撞中产生的夸克-胶子等离子体 (QGP)。

4.4.1 核内介子、超子自由度

(1) 核内介子：当每核子的入射能量达到 $E_P = 1\text{GeV/A}$ 时，核-核碰撞可以产生 π 介子和 K 介子。已在核内发现了 π 介子的电磁流、核中 π 凝聚以及核中 Δ_{33} 激发。

(2) 核内超子：把超子植入核内可形成超核。利用介子工厂产生的 K 介子等奇

异介子或粲介子束子入射原子核,把核内核子变为超子,已产生的超核有 80 种 Λ 超核 (Λ^3H → Λ^{209}Bi)、两种双 Λ 超核 ($2\Lambda^6$He, $2\Lambda^{10}$Be)、Σ 超核 (Σ^9Be, Σ^{12}B) 和粲超核 (ΛC^9Be) 等。

4.4.2 核内夸克自由度和夸克–胶子等离子体

(1) 核内夸克自由度:通过电子对核的深度非弹性散实验发现核内的夸克分布和 EMC 效应,其分布对氘核和对铁不同,暗示核内核子变胖,束缚夸克的袋子变大。

(2) 夸克–胶子等离子体 (QGP):夸克束缚在核子和介子之内就像装在袋子内,在高温、高密度条件下,核内的这些核子和介子袋子彼此重叠,使得夸克解除了单个核子或介子对它的禁闭,通过袋子重叠区可以在核内较大的范围内运动,形成夸克–胶子等离子体 (QGP)。这是宇宙早期的状态,其产生条件为

$$\rho > 5\rho_0, \quad T = 150 \sim 200 \text{MeV}, \quad \varepsilon \geqslant 2 \sim 3 \text{GeV/cm}^3$$

夸克–胶子等离子体形成后的特征信号表现为 J/ψ 产额压低、奇异粒子产额反常等,可以在实验上检测。

4.4.3 在深度上的变革:基于 QCD 的核物理深入到夸克层次

1. 强子物理

强子物理研究的对象包括核子的结构 (如质量、自旋、磁矩)、介的结构 (如质量、自旋、磁矩、衰变分支比)、强子结构 (如质量、自旋、磁矩、衰变分支比) 和多夸克强子态 (如四夸克、五夸克和六夸克等强子态)。强子结构研究中应包括夸克海和胶子的贡献。

2. 基于 QCD(夸克–胶子) 的核物理

基于夸克–胶子的核物理应从 QCD 出发研究轻核 (如氘、氚、氦等) 的结构与性质,以至中重核的结构与性质。

3. 基于 QCD 的核物理的基本困难

QCD 在核物理中的应用是空前复杂的量子多体问题,类似于 QED 在原子、分子和凝聚态物理中的应用,但前者更为复杂和困难,因为 QCD 真空比 QED 真空复杂得多。基本困难有以下几点。

(1) QCD 真空与强子耦合很强而且可变。晶体能带论告诉我们,从实验上确定晶体背景的结构,可以大大简化电子在晶体中的能带计算。对强子的 QCD 真空,能否有类似的简化?能否从实验上得到强子的 QCD 真空的一些信息?强子的 QCD 真空是否是瞬子真空?

4.4 中高能原子核物理学

(2) QCD 多体问题：需要考虑真空中粒子对产生、湮灭，粒子数随能量变化，以及价夸克与真空虚夸克对和胶子的耦合。

(3) 强耦合非微扰非线性问题：目前尚缺乏有效的理论方法。

4. 等效理论与中间形态理论的必要性

固体理论的经验教训：求解 QED 多体问题的困难，使固体物理成为海森伯、安德森、哈伯德和 BCS 等有效理论的活跃舞台。同样，求解 QCD 多体问题的困难，将使核物理成为 QCD 各种等效理论的活跃舞台。

等效理论的特点有以下两方面。

(1) 对 QCD 而言，它是包含部分有效动力学自由度的简化理论。

(2) 对 QCD 而言，它必须是包含 QCD 的相关重要信息的简化理论。①QHD 的命运：按 QCD 改造，作为 QCD 等效理论而存在并发挥作用；其有效自由度是介子与重子自由度，它们是作为夸克–胶子复合自由度而出现的。②QND 的命运：按 QCD 改造，作为 QCD 等效理论而存在并发挥作用；其有效自由度是核子自由，它是作为奇数 (3) 个夸克的复合自由度而出现的。③QND、QHD 与 QCD 的关系：QHD 是 QCD 在介子与重子有效自由度子空间的低能等效理论；QND 是 QCD 在核子有效自由度子空间的低能等效理论；这些子空间是通过 QCD 动力学对称性理论约化的，并保持所期望的 QCD 的最重要的对称性信息。

4.4.4 发展基于 QCD 的核物理的有利条件

核物理学和粒子物理学的宝贵遗产是发展基于 QCD 的核物理的良好起点。

1. 平均场理论

平均场理论化多体问题为单体问题，导致多体问题的独立粒子运动描述；平均场的变化导致集体运动，即众多独立粒子的相干运动。

成功例子：原子物理的平均场理论——原子的壳层结构理论；原子核物理的平均场理论——原子核的壳层结构理论；凝聚态物理的平均场理论——固体的能带结构理论。

2. 有效自由度理论

冻结核实自由度，只处理价粒子自由度；把全部自由度问题简化为部分有效自由度问题。原子物理、原子核物理、固体物理都用此方法并取得实效，如原子核的集体运动理论，固体物理中的海森伯模型、安德森模型、哈伯德模型和 BSC 理论。

3. 多体关联理论

多体系统的结构和运动具有等级性与层次性，可以把多体系统的整体结构和整体运动分解为各种类型的粒子集团的子结构和多体关联运动，逐次逼近求解。

成功例子：核物理、固体物理成功地发展了多体系统关联和结构的等级理论，先处理平均场导致的独立粒子运动，再处理平均场以外的两体关联(或独立粒子对运动)、独立准粒子运动 (BCS 理论)、集团运动和集体运动等。

4. 动力学对称性理论

QCD 的按能量划分的动力学对称性把整个 QCD 的希尔伯特空间约化为由确定的守恒律和相应的量子数确定的子空间，从而自动保留了 QCD 的部分对称性信息。

成功或部分成功的例子：粒子物理的 SU(3) 夸克模型，核物理的 Elliot-SU(3) 转动模型、IBM-SU(6) 模型，原子分子物理的莫尔斯势与 SU(2) 模型，腔量子电动力学中 N 能级原子的 J-C-SU(N) 模型，固体物理中高温超导的 SO(5)-SU(4) 模型等。

5. 能量标度原理

自然界的量子运动能量具有量子阶梯特性：不同模式的量子运动有各自特有的活动能区和休眠 (冻结) 能区，这是发展各能区的有效自由度理论，特别是低能区的有效自由度理论的依据。在活跃的相关自由度所张的子空间内，约化 QCD 得到相应的等效理论，通过对质量和耦合常数的重整化来包括其余自由度的影响。

6. 基于 QCD 格点规范计算的核物理

目前，基于 QCD 格点规范对核子结构和轻原子核结构进行了计算，得到初步令人鼓舞的结果。

4.5 天体核物理学 —— 宇宙元素的合成及其丰度

天体核物理学研究天体环境下的核结构、核反应和核衰变问题，包括以下内容。

4.5.1 从大爆炸到宇宙原初核的产生与合成：终止于氦

在大爆炸以后 10^{-32}s 开始强子化，弱力与电磁力分离后，开始氢、氘、氚、氦等元素的产生与合成。基本过程如下所述。

10^{-35}s 以内：四种力大统一时期；

10^{-32}s：开始强子化；

10^{-12}s：弱力与电磁力分离；

$10^2 \sim 10^3$s：元素原初合成 (氢、氘、氚、氦)，氦的丰度为 25%。

4.5.2 太阳等恒星的核燃烧与平稳的核合成

质量在 $0.1 \sim 60 M_\oplus$ 的恒星的核过程 ($M_\oplus$ 是太阳质量):氢是太阳等恒星燃烧的原初燃料,氢燃烧后合成氦,氦燃烧后合成碳、氧等轻元素,碳、氧等轻元素在恒星中继续燃烧后合成更重的元素,恒星燃烧中的核合成终止于 $A<60$ 的铁元素。

恒星的寿命主要由持续时间最长的氢燃烧阶段决定,由恒星质量决定。研究恒星内核燃烧和轻元素合成的反应链,需要有关这些核的结构、反应和衰变的知识。

4.5.3 超新星爆发与爆发式核合成

质量超过 8 个太阳质量的恒星,核燃烧终止后,由于强大的引力而塌缩,塌缩后再反弹,发生超新星爆炸,导致诱发爆发式核合成。主要过程有:快质子俘获过程 (rp 过程,$A \approx 100$)、快中子俘获过程 (r 过程)、慢中子俘获过程 (s 过程,与 β 衰变联合,合成重核)。上述被合成的原子核多数临近滴线区,绝大多数不稳定,且会很快在自然界中消失,需通过放射性束流等核反应装置产生,研究它们的结构、反应和衰变,以获得精确的数据。

4.5.4 宇宙化学元素的形成、演化与丰度

要获得宇宙化学元素的形成、演化与丰度的知识,必须在天体条件下求解上述核反应和核衰变链的方程组。求解时需要输入天体环境的数据,如温度、密度、化学组成以及所有相关核的结构、衰变、反应的核物理数据。

问题在于,目前缺乏远离核,特别是天体核物理的关键核的数据。

参 考 文 献

[1] Black P,Drake G,Jossem L. 物理 2000:进入新千年的物理学. 赵凯华,等译. 北京:北京大学出版社,2000
[2] [美] 原子核物理学专门小组. 90 年代物理学 —— 原子核物理学. 北京:科学出版社,1994
[3] 徐躬耦,杨亚天. 原子核理论 —— 核结构与核衰变部分. 北京:高等教育出版社,1987
[4] 徐躬耦,王顺金. 原子核理论 —— 核反应部分. 北京:高等教育出版社,1992
[5] 黄卓然. 高能重离子碰撞导论. 张卫宁,译. 哈尔滨:哈尔滨工业大学出版社,2002
[6] 王顺金. 21 世纪核物理发展前沿探讨. 原子核物理评论,2000,17(1):19-21

第5章　基本粒子物理学与量子场论

5.1　基本粒子物理学的现状与成就

基本粒子物理学是研究时间、空间和物质的基本属性,即物质的基本组元和它们的基本相互作用的科学。基本粒子物理学追求物质世界及其运动规律的统一性。基本粒子是极小的微观世界,需要极高能量的粒子探针才能获得精确的信息。因此,又把基本粒子物理学称为高能物理学。

20世纪基本粒子物理学的进展使人们对物理学基本定律的认识达到了新的水平,把这种新认识称为基本粒子物理学的标准模型。

研究基本粒子的主要实验手段是高能加速器(辅之以宇宙线),现在世界上著名的高能加速器和宇宙线观测站有:

美国布鲁克海文国家实验室 (BNL) 的 AGS(30GeV) 和 RHIC;

美国费米实验室 (Fermi Lab) 的 Tevatron(100GeV),2TeV,p-$\bar{\text{p}}$ 对碰;

美国斯坦福大学的直线加速器 (SLAC),100GeV,e-e 对碰;

美国得克萨斯州的超级超导回旋加速器 (SSC),20 TeV(计划已取消);

美国杰佛逊实验室的 12 GeV 的电子–离子对撞机;

西欧核子研究中心 (CERN) 的大型强子对撞机 (LHC);

北京正负电子对撞机,5.6GeV,e-e 对碰,提升工程有 BEPCI II、III;

中国羊八井宇宙线观测站,主要观测 γ 暴 ($10^{15} \sim 10^{16}$eV 膝区),与日本、意大利合作;

四川锦屏山暗物质地下实验室(深度 3200 多米)。

5.1.1　基本粒子物理学的重大发现

20世纪后半叶,基本粒子物理学有重大的进展,这些进展导致基本子标准模型的建立。20世纪50年代以后,基本粒子物理学重要的实验发现和理论进展如表5-1所示。从表中可见,基本粒子及其相互作用的基本对称性的实验发现和理论进展是贯穿近50年粒子物理学大发展的主线,而李政道、杨振宁关于宇称不守恒的发现正是这一主线的开端。

5.1 基本粒子物理学的现状与成就

表 5-1　基本粒子物理学重要的实验发现和理论进展

发现年代/年	发现内容
1956	李政道、杨振宁发现宇称不守恒，获 1957 年诺贝尔物理学奖
1964	发现宇称和电荷共轭联合不守恒
1967	温伯格、萨拉姆和格拉肖提出弱电统一理论 (获 1979 年诺贝尔物理学奖)，引进真空对称性自发破缺和黑格斯粒子才能使电子和中间玻色子获得质量。为了理解对称性自发破缺的本质，确认黑格斯粒子是否存在，西欧中心 (CERN) 建造了 LHC(大型强子对撞机)，其目的之一就是为了回答这一问题
1969	M.G. 盖尔曼因基本粒子及其相互作用的分类获诺贝尔物理学奖
1976	丁肇中和里克特发现 J/ψ 和粲夸克 (c)，获诺贝尔物理学奖
1977	发现底夸克 (b)
1979	温伯格、萨拉姆和格拉肖因提出弱电统一理论获诺贝尔物理学奖
1983	1 月和 6 月，发现带电和中性中间玻色子 $W_\mu^\pm, Z_\mu^0$
1984	C. 鲁比亚和 S. 范德米尔因发现中间玻色子 $W_\mu^\pm, Z_\mu^0$ 获奖诺贝尔物理学奖
1995	发现顶夸克 (t)
1995	M.L. 佩尔发现重轻子 τ, F. 莱茵斯因发现中微子一起获诺贝尔物理学奖
1999	G. 霍夫特和 M.J.G 韦尔特曼因非阿贝尔规范理论的重整化获诺贝尔物理学奖
2002	日本小柴昌俊发现中微子振荡，表明中微子有静止质量，他和 R. 戴维斯及 R. 贾科尼一道获诺贝尔物理学奖
2004	D.J. 格罗斯、H.D. 波利策和 F. 维尔切克因量子色动力学和渐进自由获诺贝尔物理学奖
2008	Y. 南部阳一郎、M. 小林诚和 T. 益川敏英因发现对称性破缺的起因获诺贝尔物理学奖
2012	7 月，CERN 宣称发现了类似黑格斯粒子的质量为 227GeV 的标量粒子

5.1.2　组成物质的基本粒子

基本粒子是在我们当前的实验条件和认识水平下发现的组成万物的最小单元。按照基本粒子的标准模型，基本粒子分为两大类：①参与引力作用、电磁作用和弱作用的轻子；②参与引力作用、电磁作用、弱作用和强作用的夸克。轻子和夸克又分三代，每一代之间都有很好的代对称性。三代轻子和三代夸克的名称和质量如表 5-2 所示，而它们的内禀量子数则如表 5-3 所示。

表 5-2　三代基本粒子：轻子和夸克的对称性

	第一代		第二代		第三代	
	粒子	质量 (m_p)	粒子	质量 (m_p)	粒子	质量 (m_p)
轻子	电子 e	0.000 54	μ 介子	0.11	τ 介子	1.9
	e 中微子 ν_e	$< 10^{-8}$	μ 中微子 ν_μ	$<0.000\ 3$	τ 中微子 ν_τ	< 0.033
夸克	上夸克 u	0.004 7	粲夸克 c	1.6	顶夸克 t	189
	下夸克 d	0.007 4	奇异夸克 s	0.16	底夸克 b	5.2

表 5-2 中基本粒子的质量是以质子质量为单位的。由此可见，三代轻子和三代夸克之间存在巨大的质量差异，而中微子质量的数值没有完全确定下来。

表 5-3 基本粒子内禀对称性和相应的量子数

	粒子	同位旋 I	I_3	超荷 Y	电荷 Q	重子数 B	轻子数 l	奇异数 s	自旋宇称 J^π
夸克	u	1/2	+1/2	1/3	2/3	1/3		0	$\left(\frac{1}{2}\right)^+$
	d	1/2	−1/2	1/3	−1/3	1/3		0	$\left(\frac{1}{2}\right)^+$
	s	0	0	−2/3	−1/3	1/3		1	$\left(\frac{1}{2}\right)^+$
	c	0	0	4/3	2/3	1/3		0	$\left(\frac{1}{2}\right)^+$
	t	0	0	4/3	2/3	1/3		0	$\left(\frac{1}{2}\right)^+$
	b	0	0	−2/3	−1/3	1/3		0	$\left(\frac{1}{2}\right)^+$
轻子	e	1/2	−1/2	−1	−1		1	0	1/2
	ν_e	1/2	1/2	−1	0		1	0	1/2
	μ	0	0	−2	−1		1	−1	1/2
	ν_μ	0	0	0	0		1	0	1/2
	τ	0	0	−2	−1		1	0	1/2
	ν_τ	0	0	0	0		1	0	1/2

注：夸克 (6 种味, 3 种色, 反夸克同数量)；轻子 (6 种味, 无色, 反轻子同数量)

在表 5-3 中，基本粒子有 6 种味，构成 SU(6) 对称性，其中味的 SU(3) 子对称性最为重要，同位旋 I 及其第三分量 I_3、奇异数 s 以及超荷 Y，来自 SU(3) 味对称性；电荷 Q、重子数 B 和轻子数 l 分别来自与电荷守恒、重子数守恒和轻子数守恒对应的三个不同的 U(1) 对称性，自旋宇称 J^π 可能来自粒子内禀空间的某种转动和反射对称性。因为色对称性仅为强相互作用所特有，而且物理粒子是无色的，因此没有专门引进色量子数。反粒子是用负的轻子数或负的重子数去区分，没有专门引进正反粒子量子数和相应的对称群。

基本粒子的电荷、同位旋第三分量和超荷之间满足有名的盖尔曼–曲岛公式，即 $Q = I_3 + Y/2$。基本粒子及其反粒子的数目为

$$\text{夸克数} + \text{反夸克数} = 18 + 18 = 36 \text{种}$$
$$\text{轻子数} + \text{反轻子数} = 6 + 6 = 12 \text{种}$$

共 48 种基本粒子。

5.1.3 基本粒子的相互作用

现在发现的基本粒子的相互作用有 4 种，按照标准模型，所有基本粒子的相互作用都是通过规范场来传播的。传播基本相互作用的规范场粒子称为媒介子或中间玻色子，也有 4 类，分别介绍如下。

(1) 强相互作用：这是夸克之间的相互作用，通过 8 种具有复色的胶子来传播。这 8 种具有复色的胶子构成颜色 SU(3) 规范场，是短程的最强的相互作用，统治

制着原子核和强子世界，通过强子物质在天体现象中起作用。

(2) 电磁相互作用。这是带电轻子和夸克之间的相互作用，通过一种光子来传播。这种光子构成 U(1) 规范场，是次强的长程相互作用，在微观世界、宏观世界和天体世界中都起作用。

(3) 弱相互作用。这是轻子和夸克之间的相互作用，通过三种中间玻色子来传播，是力程最短、强度很弱的相互作用。这种弱相互作用统治制着基本粒子、强子和原子核的衰变过程，并通过轻子、强子和原子核衰变在天体现象中起作用。

(4) 引力相互作用。这是轻子、夸克、规范场粒子和所有物质之间都存在普遍的相互作用，是长程的、强度最弱的相互作用，在微观世界中的作用可以忽略，但统治着天体世界。

4 种基本相互作用的名称、规范群、力程、强度和起作用的范围如表 5-4 所示，传递这些相互作用的规范场量子的名称、质量、电荷和自旋如表 5-5 所示。

表 5-4　4 种基本相互作用的类型、规范群、力程、强度和起作用的范围

类型	强度	力程	规范群	作用范围
引力相互作用	10^{-39}	长	GL(4)	天体、宇宙
电磁相互作用	1/137	长	U(1)	微观、宏观
弱相互作用	10^{-13}	极短 10^{-16}cm	SU(2)	微观
强相互作用	1	短 10^{-13}cm	SU(3)	微观

表 5-5　传递 4 种基本相互作用的规范场量子的名称、质量、电荷和自旋

相互作用类型	介子名称	电荷	自旋	质量 (GeV/c^2)
引力作用	引力子 $G_{\mu\nu}$	0	2	0
电磁作用	光子 A_μ	0	1	0
弱作用	中间玻色子 $W_\mu^\pm, Z_\mu^0$	$\pm e, 0$	1	83, 93
强作用	胶子 A_μ^a	0	1	0

传递 4 种基本相互作用的规范场量子种类的数目为

光子种类 + 中间玻色子种类 + 胶子种类 + 引力子种类 = 1 + 3 + 8 + 1 = 13

因此共有 13 种传播相互作用的规范粒子。

轻子无色，不参与强相互作用；夸克有红、黄、蓝三色，是强相互作用的色荷。

常见的强子的夸克结构举例。

重子：质子、中子等重子

$$P = (uud), \quad N = (udd), \quad \Lambda^0 = (uds), \quad N^{++} = (uuu)(J = 3/2), \quad \Omega^- = (sss)$$

介子：粲介子，π 介子，K 介子

$$J/\psi = (c\bar{c}), \quad \pi^+ = (u\bar{d}), \quad \pi^-(\bar{u}d), \quad K^+ = (u\bar{s}), \quad K^- = (\bar{u}s)$$

5.1.4 基本粒子物理学和量子场论的内容

现代粒子物理学和量子场论的基本内容包含在基本粒子的标准模型及其应用中，分别简介于下。

1. 基本粒子的标准模型

基本粒子的标准模型由以下三个理论组成。

(1) 量子电动力学 (QED)：这是关于带电轻子和夸克与电磁 U(1) 规范场相互作用的量子理论，其中最主要的部分是电子与电磁场相互作用的量子理论。它属于阿贝尔规范场的量子理论。

(2) 量子弱电统一理论 (QWED)：这是量子电动力学 (QED) 的推广，把电磁作用与弱作用统起来，建立起弱电统一的 U(1) × S(2) 的规范理论。它属于非阿贝尔规范场的量子理论。

(3) 量子色动力学 (QCD)：这是关于夸克与胶子 SU(3) 色规范场强相互作用的量子理论，它是更复杂的非阿贝尔规范场的量子理论。

把上述三种相互作用的规范场理论统一起来的规范场理论称为大统一理论 (grand unification theory，GUT)。目前这种理论还没有最后定型，但多数人倾向性于 SU(5) 大统一理论，因为它最简明，具有代表性，可重整化。

2. 标准模型的应用

除了量子电动力学和弱电统一理论的传统而广泛的应用外，目前标准模型的应用集中在强子物理方面，其中包括以下应用研究：

(1) 用于介子的结构与衰变的研究，如 J/ψ 物理、B 介子物理；

(2) 用于重子的结构与衰变的研究，如核子的结构、重子的结构、5 夸克重子态 (penta-guark) 等研究；

(3) 用于强子和轻子参与的碰撞与反应过程的研究。

3. 基于 QCD 的低能等效理论和格规范理论

标准模型在应用中发展出各种有效的理论和计算方法。量子电动力学和弱电统一理论的相互作用的特征强度不大，因而发展了十分有效的、非常精密的微扰理论，已获得成功的应用，并且理论计算结果与实验数据达到惊人的符合。但是对于电磁作用的强束缚态问题，仍然缺乏束缚态非微扰的量子电动力学场论。对于量子色动力学，在高能渐近自由区，已发展出十分有效的高能微扰理论，并在与实验的联合研究中取得很大成功；但是在中低能区，特别是低能束缚态问题，由于作用强度大，微扰论失效，需要发展 QCD 的非微扰量子场论方法。遗憾的是，这方面的进展不大。在这种情况下，出现了各种基于 QCD 的低能等效理论和近似方法，包

括各种夸克袋模型 (如 MIT 和 SUNY 夸克模型)、夸克手征模型、QCD 的低能守征等效场论、整体色模型 (GCM)、光锥 QCD(LCQCD) 等效哈密顿非微扰理论、基于对称性和流代数的求和规则以及在时空离散化格点上对 QCD 直接进行近似数值求解的格点规范理论 (LGT) 等。当前格点规范理论已用于强子甚至轻原子核结构的计算，取得令人鼓舞的结果。

5.1.5 基本粒子标准模型的成就

基本粒子标准模型之所以成为目前人类认识微观物质世界所达到的最高境界，是因为它对微观世界描述的正确性和精度达到了惊人的程度，其中最突出的是量子电动力学和弱电统一理论；量子色动力学虽然还不能与之相比，但正稳步走向这一目标。下面列举了标准模型的各种理论在描述实验时的精度。

(1) QED：精度达到 10^{-8}，如电子反常磁矩，兰姆位移等的计算与实验符合的精度。

(2) QWED：精度达到 10^{-6}。

(3) QCD：在高能区，由于渐进自由，微扰论的描述精度很高；在中低能区，格点规范和等效理论的计算结果的精度尚不很高。

5.2 基本粒子标准模型的基本问题

基本粒子标准模型的基本问题涉及粒子物理的进一步发展和物理学的变革，这些问题的正确提出和正确表述是困难的，因为它涉及对基本粒子现有理论的最深层次的本质的认识和对现有理论与实验的关系的深刻理解。下面根据粒子物理学界多数人的观点和笔者个人的看法与偏好，提出若干问题予以简述，供读者研究参考。

1. **对称性自发破缺的本质与机制**

标量场真空对称性自发破缺:$\langle\varphi\rangle\neq 0$ 的本质与机制。

通过希格斯机制给轻子(e,μ)和中间玻色子(W,Z)以质量，其物理本质是什么？

对称性自发破缺使强力、电磁和弱力产生巨大的差别，其机制与本质是什么？CP 破坏的本质与机制是什么？

2. **基本粒子质量的起源与本质**

与上一个问题密切相关的是基本粒子质量的起源与本质。

用希格斯机制解释质量的起源，对吗？

轻子质量差为什么如此大？

什么是质量？

3. 希格斯粒子存在问题

希格斯粒子的质量究竟是多少，上限是 $M_H < 1\text{TeV}$？

2012 年 7 月，西欧核子研究中心 (CERN) 宣称发现质量为 227 GeV 的类似希格斯粒子的标量粒子。如何确定它真的是希格斯粒子？

如果希格斯粒子真的存在并被发现了，质量产生的机制和本质这个物理学基本问题，是被掩盖了还是解决了？如何理解希格斯粒子自身的质量如此之大 (227 GeV)，而它带给电子、μ 轻子和中间玻色子 (W, Z) 的质量 (分别是 0.5MeV, 207MeV, 83GeV 和 93GeV) 又如此之小，相互作用中丢失的质量如何与弱作用协调起来？用一个等效模型理论解释基本粒子质量起源这个物理学深层次问题，不能看成是理论物理学的满意的、彻底的解决方案。

4. 夸克禁闭的本质与机制

夸克禁闭是绝对的还是相对的？夸克禁闭的本质与机制是什么？

夸克禁闭是只存在单色物理空间的必然结果？

5. 夸克–轻子三代及其对称性的本质

夸克–轻子只有三代吗？为什么只有三代？三代对称性的物理本质是什么？

6. 基本粒子的种类和理论参数的数目

基本粒子有 61 种：基本费米子 48 种 + 基本媒介子 13 种 =61 种。

理论参数共 19 个，包括质量参数 12 个 (3(轻子)+6(夸克)+2(媒介子)+1(希格斯粒子)=12)、耦合强度参数 3 个 (2+1=3)、其他参数 (如混合角等) 4 个。

目前的基本粒子 (在 10^{-17}cm 仍是类点粒子) 是基本的吗？还有新的基本粒子吗？有亚夸克粒子吗？

7. 大统一问题

大统一 (grand unification theory, GUT) 能量标尺是否是 $E_{\text{GUT}} \geqslant 10^{15}\text{GeV} = 10^{24}\text{eV}$？

有几种大统一方案，如 SU(5)、SO(10)、E_6 和 E_8，它们通过希格斯机制破缺到标准模型：$SU(3) \otimes SU(2) \otimes U(1)$。

SU(5) 大统一理论最简明，具有代表性，可重整化。但质子衰变没有发现，理论预言的质子寿命为 $\tau_p \approx 10^{31}$ 年 (计算)，实验确定为 $\tau_p \gg 10^{32}$ 年！

大统一可能吗？

8. 引力量子化

引力相互作用是规范场？

引力量子化需要吗？可能吗？如何实现引力量子化？

引力与其他几种力可能统一吗？如何统一量子引力？

如何评价圈量子引力理论和自旋网络量子引力理论？

如何评价基于引力的热力学的如下观点：引力是类似于凝聚态中出现的宏观层展现象，产生于没有引力的微观时空，经典引力理论是微观量子引力理论的等效理论，因而不需要量子化；引力的微观量子理论是完全不同于经典引力理论的时空的微观量子理论。

基于引力的热力学，可否认为存在着引力的微观量子统计力学？如何寻找引力的这个微观量子统计理论？

9. 基本粒子理论中的发散问题

基本粒子理论中的发散问题是与基本粒子结构的时空扩展性有关，还是与真空量子涨落的属性有关？或者是同一问题的两个侧面？

发散与基本粒子的点结构 (定域性理论) 相联系，扩展结构不导致发散。

发散与真空涨落的时空属性相联系：白噪声发散，有色噪声不发散。

基本粒子的时空结构与真空量子涨落的时空属性二者密切相关，是同一事物的两个方面。

10. 规范对称性的物理本质

规范对称性的起源和物理本质是什么？规范对称性是真空背景的某种物质属性，还是背景物质的某种局域变化的对称性？规范对称性为什么要求引进规范势，为什么能决定基本相互作用的形式？

规范对称性即局域变换不变性的物理实质：局域对称变换必然导致真空背景物质在时空中的变形，伴随而来的是能量、动量和角动量等物理量分别在粒子和真空背景变形自由度之间的时空分布的变化和转移；能量、动量和角动量等基本物理量在粒子和真空背景变形自由度之间的这种时空分布的变化和转移称为相互作用。当局域对称变换从真空背景物质中激发出与变形相联系的规范自由度时，基本物理量守恒定律就揭示出局域对称变换 (规范变换) 不变性，其物理实质是：包括粒子和真空背景变形自由度 (规范自由度) 在内的大系统，其能量、动量和角动量等基本物理量在规范变换下必须守恒，才能满足真空大背景的对称性的要求。因此，描述总系统的能量、动量和角动量等基本物理守恒量的拉格朗日密度的局域对称(规范) 变换不变性，既必然诱导出描述真空背景变形自由度的规范势，又确定了它们与粒子之间的特定耦合方式，以确保总系统在真空大背景中能量、动量和角动量等基本物理量守恒。

11. 真空的物质本质

真空是物理物质背景? 有哪些基本属性?

真空背景的微观、宏观和宇观属性, 特别是微观和宇观属性是什么?

真空背景如何影响基本粒子和宇宙的结构?

微观属性与基本粒子的质量等内禀属性相联系?

宇观属性与暗物质、暗能量相联系?

12. 时空的本性

什么是时空? 时空是真空物质背景的几何结构?

与真空背景的微观、宏观和宇观结构相对应, 什么是时空的微观、宏观和宇观几何结构, 特别是什么是时空的微观和宇观几何结构?

时空与物质的微观、宏观和宇观运动的联系是怎样的?

宏观时空与微观时空的属性、宏观时空与宇观时空的属性有何不同?

量子时空的含义是什么?

现代物理学的变革, 特别是粒子物理学和宇宙学的变革, 要回答一些基本哲学问题, 不是笼统的、定性的回答, 而是定量的现代物理学的回答, 如时空和物质运动的本质、宇宙的起源和演化等问题。定量地回答上述基本哲学问题是当今物理学的任务。

5.3 引力的统一与超弦

基本粒子物理学的崇高目标是实现引力量子化和统一量子引力。许多物理学家认为, 实现这一目标的最有希望的理论途径是超弦, 它经历了漫长的岁月, 其发展的历史如下。

5.3.1 弦理论的历史

(1) 狄拉克弦 (20 世纪 50 年代初提出): 把光子看成弦, 正负电子 (e^-, e^+) 是弦的两端, 长度 $L_\gamma = 10^{-15}$cm。

(2) Veneziano 弦 (20 世纪 70 年代初提出): 把强子 (介子、重子) 看成弦, 夸克是弦的端点, 长度 $L_h = 10^{-13}$cm。QCD 出现后, 不再需要弦。

(3) 早期的弦理论 (QCD 出现后提出): 把轻子和夸克看成弦, 为了理论的自洽, 理论且能包含 g、$W^\pm$、Z^0、γ 和引力子 ($J=2$), 要求时空维数为 $D=26$, 弦的长度为

$$L_\mathrm{p} = \sqrt{d\frac{G\hbar}{C^3}} \approx 10^{-33}\mathrm{cm}, \quad \frac{L_\mathrm{p}}{L_\mathrm{proton}} = 10^{-20} \approx \frac{L_\mathrm{atom}}{L_\mathrm{sun}}$$

5.3 引力的统一与超弦

早期的弦理论的特点: ①无发散; ②包含引力子 ($J=2$); ③$D=26$。

早期的弦理论的问题: ①出现快子 ($V>C$); ②出现反常; ③多余维 (卷缩)。

5.3.2 超弦理论的需要

No-Go 定理 (Coleman-Mandula, 1967): 不可能用下列对称群建立包含引力的大统一理论, 即

$$G = \text{Poincare group} \otimes \text{内部对称群}$$

克服上述困难的途径之一是在弦理论中引进超对称性, 使弦理论变成超弦理论, 这时 No-Go 定理不再成立。

5.3.3 超弦

(1) 超空间与超对称性: 玻色子坐标 + 费米子坐标 = 超坐标, 超坐标构成超空间, 超空间出现的超对称性导致超对称规范理论。

(2) 超弦理论是具有超对称性的弦理论 (图 5-1)。

超弦理论的超对称群是 SO(32)或$E_8 \times E_8$, 人们倾向于 $E_8 \times E_8$, 即一个 E_8 描述现有基本粒子所有内部对称性, 另一个 E_8 描述影子物质。

超弦理论的特点: 无快子, 不发散, 消除反常, $D=10$, 有 5 种超弦理论, 其间有对偶性: I 型、杂化 O、杂化 E、IIA 型、IIB 型 (自对偶)。

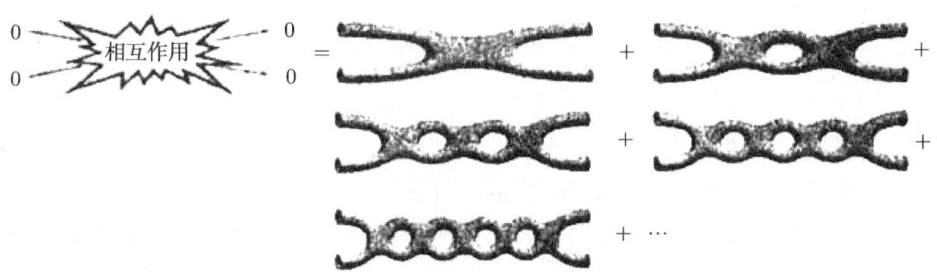

图 5-1 两条弦相互作用示意图

一根弦与另一根弦的相互作用的净效应等于各个圈图的影响的总和

超弦理论的问题:

(1) 超对称伴随粒子 (费米子-玻色子成对出现) 未发现;

(2) 存在影子物质;

(3) 5 种超弦理论不唯一;

(4) 多余维的卷缩: 多余维度是 $D=6$ 的 Calabi-Yao(邱成桐) 的复的定向紧流形, 其欧拉数与夸克-轻子代数有关, 对三种作用常数有影响;

(5) 引力子和磁单极未发现；

(6) 希格斯粒子未发现；

(7) 如有亚夸克存在，则超弦理论会有本质变化。

5.3.4 M 理论

针对超弦理论的问题，发展了 M 理论 (图 5-2)。M 理论有多种含义，如 mystery(神秘理论)、mother(母理论)、membrane(膜理论)、matrix(矩阵理论)。

M 理论的特点：①$D=11$；② 形成对偶网，统一了 5 种弦理论和 11 维超引力理论；③ M 理论导致一种新的数学。

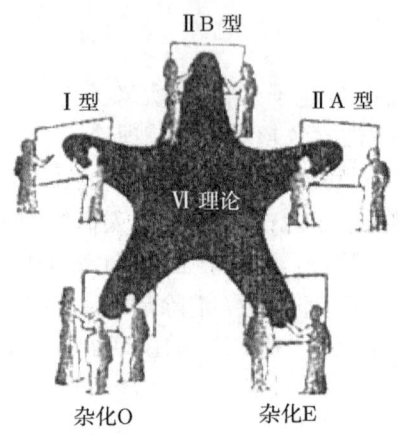

图 5-2　M 理论与各种弦理论的关系

5.3.5 对万有理论的理解

有人把超弦理论称为万有理论 (theory for everything)。要成为名副其实的万有理论，它必须是包含各种等效理论并通过等效理论解释实验的基本的微观理论。

5.4 粒子物理学与核物理学的交叉

粒子物理学与核物理学的交叉与关联表现在下列方面。

(1) 粒子物理促进了核物理发展。粒子物理促进了核物理向纵深发展，出现了基于 QCD 的核物理，为核物理从夸克层次上研究原子核提供了理论基础。

(2) 核物理为粒子物理提供检验标准模型的实验室。宇称不守恒的验证在 ^{60}Co 上完成，夸克胶子等离子体 (QGP) 需要通过超高能重原子核碰撞 (U + U) 来产生；EMC 效应是在高能电子对原子核的深度非弹性散射中发现的。

(3) 粒子物理学的标准模型的在强子物理和核物理中的应用，已成为粒子物理学家和核物理学家的共同事业。

5.5 粒子物理学与天体物理学和宇宙学的关联

粒子物理学与天体物理学和宇宙学的关联表现在以下方面:

(1) 基本粒子物理学和宇宙早期演化有着密切的联系，基本粒子物理学为大爆炸宇宙的早期演化过程的描述提供了理论基础。

(2) 宇宙线提供了目前加速器不能产生的超高能 ($10^{15} \rightarrow 10^{20}$eV 和更高) 粒子，人们希望从宇宙线中找到反物质和磁单极 (卫星、飞船上的粒子探测器)。

(3) 暗物质与暗能量是宇宙学和粒子物理学的共同研究的课题，只有两门学科共同努力才能解决，这将促使粒子物理学、天体物理和宇宙学发生革命性突破。

参 考 文 献

[1] Black P, Drake G, Jossem L. 物理 2000: 进入新千年的物理学. 赵凯华, 等译. 北京: 北京大学出版社, 2000
[2] 丁一宾. 统一之路–90 年代理论物理前沿课题. 长沙: 湖南科学技术出版社, 1997
[3] [美] 基本粒子物理专门小组.90 年代物理学: 基本粒子物理学. 北京: 科学出版社, 1992
[4] 杨振宁. 基本粒子及其相互作用. 长沙: 湖南教育出版社, 1999
[5] 格林 B. 宇宙的琴玄. 长沙: 湖南科学技术出版社, 2002
[6] 戴元本. 相互作用的规范理论. 北京: 科学出版社, 1987
[7] 李政道. 粒子物理和场论简引（上、下册）. 北京: 科学出版社, 1984
[8] 斯蒂芬·霍金. 万有理论——宇宙的起源与归宿. 郑亦明, 葛凯乐, 译. 海口: 海南出版社, 三环出版社, 2003
[9] Ginzburg V L. Nobel Lecture, in Review of Modern Physics, 2005, 138: 3579-3593
[10] 美国能源部和国家科学基金会委托美国高能物理顾问委员会.Quantum Universe(量子宇宙).2004; 江向东, 黄艳华, 陈和生. 量子宇宙 -21 世纪粒子物理学的革命. 现代物理知识, 2005, 17（2）: 3-11
[11] 李淼. 超弦史话. 北京: 北京大学出版社, 2005
[12] 卢建新, 朱栋培. 超弦/M 理论导论（Lectures on String/M Theory）. 合肥: 中国科技大学出版社, 2006
[13] 陆埮, 罗辽复. 物质探索从电子到夸克. 北京: 科学出版社, 2005
[14] 王顺金. 黑洞和真空的微观量子结构和引力的微观量子统计起源, arXiv: 1212. 5862 [qr-qc] 24 Dec 2012

第6章 广义相对论、天体物理学与宇宙学

6.1 宇宙的层次结构

像微观和宏观物质世界具有层次结构一样,由各种天体组成的宇宙也具有尺度分明的层次结构,在这些层次结构的背后隐藏着深刻的物理学规律和天体宇宙学规律。

6.1.1 天体的层次结构

天体具有行星、恒星、星际云、星团、星系以及宇宙等一系列的层次结构,这些不同层次结构的天体学特征量如表 6-1 所示。

表 6-1 天体的层次结构及其天体学特征量

天体层次结构	行星	恒星	星际云	星团	星系	宇宙
半径/pc	10^{-10}	10^{-8}	10	10	10^4	10^{10}
平均距离/pc	10^{-5}	1	10	10^3	10^6	—
质量/$M_\oplus$	10^{-6}	1	10^3	10^6	10^{11}	10^{21}
平均密度/(kg/m³)	10^3	10^3	10^{-20}	10^{-18}	10^{-20}	10^{-27}
中心温度/K	10^4	10^7	10^2	—	—	—

注:天体物理学把地球公转长半径作为天文单位 1AU:1AU=1.495 985×10^{11}m;
1AU 长度的张角为 1s 时的距离为 1 秒差距 (1pc),1pc = 3.261 633ly = 3.085 678×10^{14}m

天体物理学的任务是利用已知的物理定律对各个层次的天体做出统一的描述。

由行星围绕的恒星系统是组成宇宙的最小细胞。像地球一样,绝大多数行星是某一恒星系统的成员,他们的演化密切依赖于所属的恒星。因此,天体物理学研究从恒星开始,把行星的研究特殊化为地球物理学和太阳系行星物理学的研究,因为对于天体物理学来说,目前只有太阳系的行星是可作为比较仔细的研究对象。

6.1.2 太阳和恒星

与我们关系最为密切、我们对其认识最多、最感亲切的恒星是我们的太阳。

1. 太阳系

作为典型的恒星系统的太阳系,我们对它的认识最为详细,积累的数据最多,也最准确。这些基本数据如表 6-2 所示。

6.1 宇宙的层次结构

表 6-2 太阳系的基本数据

质量 $M_\oplus$	1.99×10^{30}kg $=99\%$ 太阳系的质量
密度 $\rho_\oplus$	1.410×10^3kg/m^3
半径 $R_\oplus$	6.959×10^8m
年龄	50 亿年,还可燃烧 50 亿年
亮度 $L_\oplus$	3.90×10^{26}W
组成	大气的化学组成是氢、氦、氧、碳、氮、氖、硅、镁、铁等
普遍磁场 B	10^{-4}T
中心温度 T_c	1.5×10^7K
表面有效温度 T_e	5800K

太阳能量的来源:下述两种核反应把氢聚变为氦,靠引力维持和驱动这些核反应,形成巨大的聚变反应堆,释放出巨大能量,成为太阳的能源。

H. A. 贝蒂因恒星和太阳能源研究获得 1967 年诺贝尔物理学奖。

(1) 质子-质子反应

$$2 \times : e^- + H^1 + H^1 \longrightarrow D^2 + \nu + 1.44\text{MeV}$$
$$2 \times : D^2 + H^1 \longrightarrow {}_2He^3 + \gamma + 5.49\text{MeV}$$
$$_2He^3 + {}_2He^3 \longrightarrow {}_2He^4 + H^1 + H^1 + 12.85\text{MeV}$$

每个质子提供 6MeV 能量。

(2) 碳循环:CN 和 CNO 循环

① $T \leqslant 10^7$K 时为 CN 循环,4 个氢合成一个氦,碳是中介,中微子带走 6%的能量。

$$_1H^1 + {}_6C^{12} \longrightarrow {}_7N^{13} + \gamma \quad 1.94\text{MeV}$$
$$_7N^{13} \longrightarrow {}_6C^{13} + \beta^+ + \nu \quad 1.51(0.71)\text{MeV}$$
$$_1H^1 + {}_6C^{13} \longrightarrow {}_7N^{14} + \gamma \quad 7.55\text{MeV}$$
$$_1H^1 + {}_7N^{14} \longrightarrow {}_8O^{15} + \gamma \quad 7.29\text{MeV}$$
$$_8O^{15} \longrightarrow {}_7N^{15} + \beta^+ + \nu \quad 1.76(1.00)\text{MeV}$$
$$_1H^1 + {}_7N^{15} \longrightarrow {}_6C^{12} + {}_2He^4 \quad 4.96\text{MeV}$$

总共 25.01(1.71)MeV。

② $T \geqslant 1.7 \times 10^7$K 时为 CNO 循环,6 个氢合成一个氦并把碳变成氮。

$$_1H^1 + {}_7N^{15} \longrightarrow {}_8O^{16} + \gamma \quad 12.13\text{MeV}$$
$$_1H^1 + {}_8O^{16} \longrightarrow {}_9Fe^{17} + \gamma \quad 0.60\text{MeV}$$
$$_9Fe^{17} \longrightarrow {}_8O^{17} + \beta^+ + \nu \quad 0.80(0.94)\text{MeV}$$
$$\beta^+ + \beta^- \longrightarrow \gamma \quad 1.02\text{MeV}$$
$$_1H^1 + {}_8O^{17} \longrightarrow {}_7N^{14} + {}_2He^4 \quad 1.19\text{MeV}$$

太阳系的成员：九 (八) 大行星，2000 多颗小行星，60 多颗卫星以及无数的彗星、流星和固体微粒。行星椭圆轨道几乎在同一平面，偏心率很小 (0.01～0.09)。木星最大，质量为太阳的千分之一。

太阳物理学和粒子物理学的一个长期之谜是太阳中微子丢失，即太阳的来自下述核反应的中微子的丢失。

$$_5B^8 \longrightarrow _4Be^8 + e^+ + \nu \quad (14.06\text{MeV})$$

太阳标准模型对上述反应预言的中微流为

$$(7.9 \pm 2.6)\text{SNU} \quad (1\text{SNU} = 10^{-36}\text{中微子吸收/秒/靶原子})$$

实测值为 $(2.1 \pm 0.3)\text{SNU}$。

这一丢失由中微子振荡引起。中微子振荡已直接由别的实验证实 (小柴昌俊因此获得 2002 年诺贝尔物理学奖)，这表明几种中微可以相互转化，而且中微子有很小的静止质量：$m_{\nu_e} < 20\text{eV}$。

2. 恒星与恒星团

恒星的数据范围如表 6-3 所示。

表 6-3 恒星的数据范围

质量 M	半径 R	光度 L	大气化学组成
$0.08 \sim 100 M_\oplus$	$10^{-3} \sim 10^3 R_\oplus$	$10^{-4} \sim 10^6 L_\oplus$	与太阳接近

变星：亮度、光谱、磁场等物理特性发生周期性、半周期性或不规则变化。其中脉动变星包括射电变星和 X 射线变星。

爆发变星：包括灾变变星 (超新星)、激变变星 (新星) 和耀星。

星团：是由引力束缚在一起的成团的恒星系统，包括疏散星团和球状星团。

疏散星团：包含上千个恒星，位于银盘，含较多重金属，已发现一千多个。

球状星团：包含上百万个恒星，位于银晕，贫金属，年老，已发现 130 多个，其中包含有案可查的有 2000 多颗变星。

星协：由光谱大致相同，物理性质相近的几十至几百颗恒星组成，位于银河系旋臂上，是不稳定系统，也是恒星的发源地。

赫罗图：是恒星在温度–亮度平面上的分布图，用于研究恒星的演化。大部分恒星所处的位置称为主星序，恒星一生中大部分时间处于主星序上。

恒星的演化与归宿可按质量分类，如表 6-4 所示。

表 6-4 恒星的演化与归宿按质量分类

质量/$M_\oplus$	最终阶段	主要现象
0.08 以下	氢白矮星	氢未燃烧
0.08~0.5	氢白矮星	氢未燃烧
0.5~1.0	碳白矮星	碳未燃烧
1.0~3.0	碳白矮星	巨红星,损失质量
3~8	爆发	碳爆发燃烧型超新星
8~30(?)	中子星	铁核心,超新星爆发
30~100	黑洞	引力坍缩为黑洞

恒星演化的路径如下:

星际气体 $\xrightarrow{\text{冷却和引力不稳}}$ 原始星 $\longrightarrow$ 主星序 (热核反应: H 和 He 燃烧)
$\longrightarrow$ 巨红星 (中等质量元素合成,中微子产生,物质平稳抛射)
$\longrightarrow \begin{cases} \text{重恒星} \longrightarrow \text{中子星} \\ \text{超重恒生} \longrightarrow \text{黑洞} \\ \text{轻恒生} \longrightarrow \text{白矮星 (重元素物质抛射)} \end{cases}$

恒星在主星序上停留时间最长,恒星的质量越大,寿命越短。

S. 昌德拉塞卡和 W.A. 福勒因恒星结构和演化研究而获得 1983 年诺贝尔物理学奖。

超新星 (super-nova): 质量 $M=8\sim 30M_\oplus$ 的恒星在演化终了会发生超新星爆发, 这是最激烈的天体物理现象, 是大质量恒星走向死亡前的回光返照。到 1999 年初共发现 1445 颗, 平均每年发现 100 颗; 银河系 50~100 年出现一次超新星爆发。1987 年发现的 SN1987A 超新星爆发为我们提供了极丰富的信息, 包括中微子流信息。

中国是世界上最先发现超新星的国家。早在宋代 (1054 年) 就有关于超新星的记载 (至少有四项):"至和元年五月己丑客星出天关之东南可数步,岁余消没"(《续资治通鉴长篇》)。1054 年发现的超新星爆发后转化为蟹状星云中的中子星。

超新星的特性如下: 光球半径为 10^{11}m, 温度为 $10^5 \sim 10^6$K, 释放能量为 $10^{44} \sim 10^{48}$J, 爆发时间为几秒, 爆发时发射宇宙线, 高速推出电离气体壳层 (速度为 10^4km/s), 含很多重元素 (铁、钴、镍、钙、硅、硫、镁等)。

超新星最后转化为中子星。

根据有无氢和谱线可将超新星分为 SNIa(无氢)、SNIb(无氢)、SNII-L(有氢) 和 SNII-P(有氢)。

6.1.3 致密天体: 白矮星、脉冲星和中子星

致密天体是指密度特别大的天体, 这样的天体表面引力特别强。天文学研究的

致密天体有白矮星、中子和黑洞，它们的天体学特征量如表 6-5 所示。

表 6-5 致密天体的特征量

天体名称	质量/$M_\oplus$	半径 $R/R_\oplus$	平均密度/(10^3kg/m^3)	表面引力
白矮星	$\leqslant M_\oplus$	10^{-2}	$\leqslant 10^7$	$\approx 10^{-4}$
中子星	$1 \sim 3$	$10^{-5} (\approx 7\text{km})$	$\leqslant 10^{15}$	$\approx 10^{-1}$
黑洞	任意值	$2GM/c^2$	$\approx M/R^3$	≈ 1

白矮星靠简并电子气的量子压强抵抗引力塌缩，中子星靠简并中子的量子压强抵抗引力塌缩。

中子星是以脉冲星的形式被发现的。脉冲星是发射周期性电磁脉冲的天体。电磁脉冲的周期范围是 $P = 1.6\text{ms} \sim 4.308\text{s}$，其周期总是变慢，即 $\dot{P} > 0$。周期稳定性检测已达到 13 位数字，还发现了周期突变的 Glitch 现象。

中子星在银河系约有 1 亿颗，在银河面上聚集度较高。到 2005 年，已发现约 1000 颗，其中周期 $\leqslant 10\text{ms}$ 的有 50 个，球状星团内的有 32 个，属射电脉冲双星的有 50 个，发射高能 X 射线或 γ 射线的脉冲星有 10 个，还发现发射 X 射线和 γ 射线的脉冲星 Gemiga 和有大质量伴星的脉冲星。

脉冲星的年龄公式为：$\tau = \dfrac{P}{2\dot{P}}$。从 1999 年的 P 和 $\dot{P}$ 的观测值推知，1054 年记载的蟹状星云中产生的脉冲星（中子星）到 1999 年时的年龄为 945 年，正好满足：1054+945=1999!

脉冲星的表面磁场约为 10^8T。

A. 赫威斯因发现中子星 - 脉冲星获得 1974 年的诺贝尔物理学奖。

R.A. 赫尔斯和 J.H. 泰勒因发现有伴星的新型脉冲星和引力波的间接证据而获得 1993 年诺贝尔物理学奖。

6.1.4 星际物质

星际物质是恒星之间的物质，包括星际气体、星际尘埃、星际磁场以及各种星云和宇宙线。银河系的星际物质约为 $10^9 M_\oplus$，占银河系质量的 5%，平均密度为 10^{-21}kg/m^3（密度范围为 $10^{-9} \sim 10^{-22}\text{kg/m}^3$），高度集中在银道面，特别是旋臂中。星际物质中有有机和无机分子。主要成分如下所述。

气体：氢占 60%，氦占 30%，其他重元素的丰度类似太阳气体，密度为 $0.025 M_\oplus/\text{pc}^3$；

尘埃或微粒密度为 $0.002 M_\oplus/\text{pc}^3$；

宇宙线密度为 $5 \times 10^5 \text{eV/m}^3$；

磁场强度为 $H \approx 10^{-10}$T，磁场能密度为 $2 \times 10^5 \text{eV/m}^3$；

星光能的密度为 $5 \times 10^5 \text{eV/m}^3$。

6.1 宇宙的层次结构

6.1.5 星系：银河系与河外星系

1. 星系

星系是由几十亿至几千亿 ($10^9 \sim 10^{11}$) 颗恒星和星际物质构成的、空间范围从几千光年到几十万光年的天体系统。银河系就是我们居住的星系，银河系以外的星系称为河外星系。星系和星系团是宇宙的主要组成成员，它们的性质为认识宇宙起源和演化提供了重要信息。

星系的分类：按形状和结构星系可分为旋涡星系、椭圆星系和不规则星系。类星体是活动星系的一种。星系的物理特征量如表 6-6 所示。

表 6-6　星系的物理特征量

物理特性	椭圆星系	旋涡星系	不规则星系
质量/$M_\oplus$	$10^6 \sim 10^{13}$	$10^9 \sim 10^{11}$	$10^8 \sim 10^{10}$
直径/kpc	1~150	6~15	2~9
光度/$L_\oplus$	$10^6 \sim 10^{11}$	$10^9 \sim 10^{10}$	$10^7 \sim 2 \times 10^9$
恒星成分	老年恒星	老年和青年恒星	老年和青年恒星
星际物质	少量气体	气体和尘埃	多少不定，有的没有

2. 银河系

银河系 (图 6-1~图 6-3) 是我们居住的星系——宇宙岛，它是类似透镜的系统，其基本参数如表 6-7 所示。

表 6-7　银河系的基本参数

对称	参数
银盘直径	50kpc
银盘厚度	1~2kpc
光学光度	3×10^{36}W
核球	长轴 4~5kpc，厚度 4kpc，质量 $4 \times 10^9 M_\oplus$
银晕直径	100kpc
太阳至银心距离	(8.5 ± 1.0)kpc
太阳在银盘上的高度	8pc
太阳周围恒星密度	$0.05 M_\oplus/\text{pc}^3$
太阳处银河自转速度	200km/s
太阳绕银河一周的时间 (宇宙年)	2.46×10^8a
银河系质量	$10^{12} M_\oplus$
气体质量	$8 \times 10^9 M_\oplus$
恒星总数	1.2×10^{11}
银河系年龄	10^{10}a

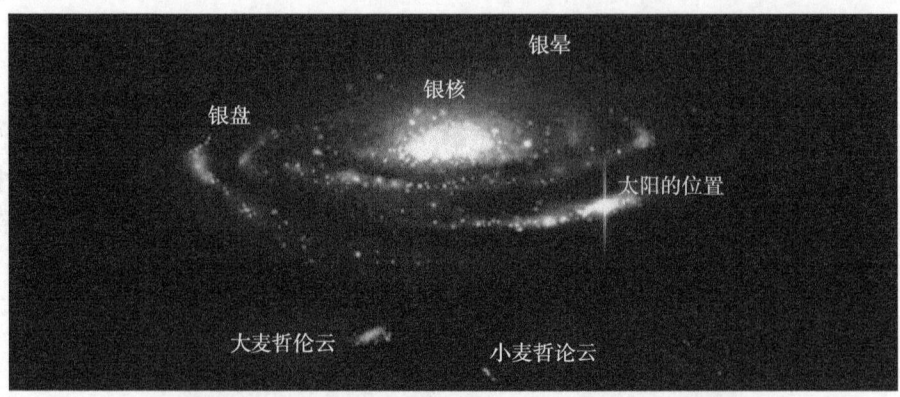

图 6-1　银河系示意图

图 6-2　银河系 (地球广角)

6.1 宇宙的层次结构

图 6-3　银河系 (空间广角)

3. 河外星系

我们可观测的宇宙约有 10^{12} 个星系, 多数比银河系小, 少数比银河系大得多。

离银河系最近的小星系是麦哲伦星云 (大、小麦哲伦星云分别距离银河系 49kpc 和 58kpc), 较大的星系是仙女座星云 (图 6-4)(距离银河系为 236 万光年)。

星系按形状可分为椭圆星系、旋涡星系和不规则星系 (仅占 3%); 按大小又可分为超巨星系 (占少数) 和矮星系 (占多数)。

星系按天体活动快慢可分为正常星系、活动星系和活动星系核。

活动星系占星系总数的百分之几, 可分为有活动核的活动星系和其他活动星系。其特点是要爆发, 有相对论粒子抛射、喷流和亮条。

星系都有红移, 表明星系在彼此远离, 宇宙在膨胀。

图 6-4　仙女座星云

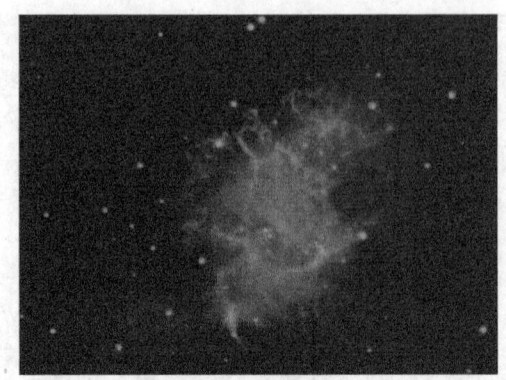

图 6-5　蟹状星云

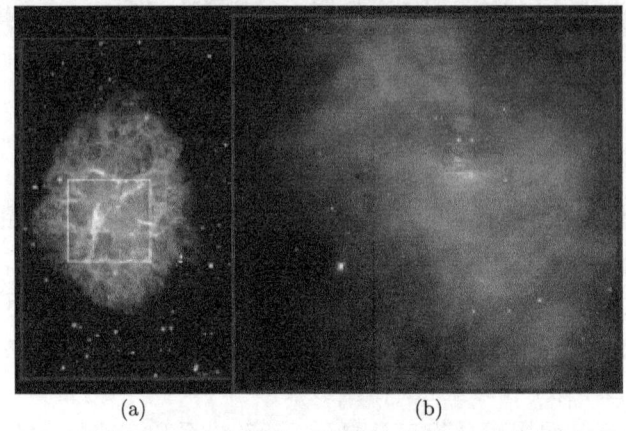

(a)　　　　　　　　　(b)

图 6-6　蟹状星云中的动态变化

(a) 地面观测到的蟹状星云的整体,它是 900 年前超新星爆炸的碎片。这个直径为 10 光年的星云位于金牛座 7000 光年远的地方。集结在星云边缘的绿色、黄色和红色的细线是爆炸后散到空中的碎片。(b) 蟹状星云内部图,图中心附近的一对星,靠左的是一颗脉冲星

4. 星系群

星系群由十几个到几十个星系组成。

5. 星系团

星系团由几百到几千个星系组成,平均直径为几个 Mpc。

6.1.6　宇宙

我们观测所及的全部天体的集合称为观测宇宙 (约有 10^{12} 个星系)。

宇宙学研究宇宙在空间上的整体结构、大尺度结构、半径,宇宙在时间上的演化 (过去,现在,未来),宇宙的年龄以及支配宇宙的物理定律 (有迹象表明,在宇

宙尺度,基本物理定律需要修改)。

观测宇宙的数据如下:宇宙的尺度为 137 亿光年,宇宙的年龄为 137 亿年,宇宙的物质和运动分布是均匀的各向同性的,宇宙物质最多的是氢,其次是氦 (占 25%),宇宙在加速膨胀。

宇宙有层次结构:大的层次结构有星系团和超星系团。

星系团:由十几个至几千个星系靠引力积聚在一起形成的天体系统;人类已发现上万个星系团,它们相互距离近百亿光年;其中规则星系团呈球形,不规则星系团无一定形状。

超星系团:由若干个星系团聚集在一起形成的更大的天体系统。超星系团的质量为 $10^{15} \sim 10^{17} M_\oplus$。宇宙中存在大量不发光的暗物质 (占宇宙物质总量的 23%)。宇宙在加速膨胀表明宇宙存在暗能量 (占宇宙物质总量的 73%)。宇宙可见物质仅占宇宙物质总量的 4%。

6.2 黑洞与类星体

黑洞与类星体是宇宙中最神秘的天体,对它们的认识和理解是对物理学和宇宙学的最大挑战。

6.2.1 黑洞

黑洞 (black hole) 是广义相对论的预言。当原初天体的质量足够大,任何已知的基本粒子的简并量子压强都不能抗拒引力的坍缩效应时,引力坍缩将继续下去,把物质分布压缩成一个质量点。对于球对称质量分布,史瓦兹发现,在史瓦兹半径

$$r_\text{g} = \frac{2MG}{c^2} = 2.96 \left(\frac{M}{M_\oplus}\right) \text{km}$$

以内,所有物质 (包括光子) 都不可能摆脱引力的控制而逃逸出去,因此,史瓦兹半径界定的球面,代表黑洞的视界。从黑洞视界发出的波长为 λ 的光子离开黑洞达到无限远时,其波长 λ_∞ 将产生极大的波长红移量 $\Delta \lambda$,

$$\frac{\Delta \lambda}{\lambda} = \frac{\lambda_\infty - \lambda}{\lambda} = \left(1 - \frac{r_\text{g}}{r}\right)^{-1/2} - 1 \longrightarrow \infty (r \to r_\text{g})$$

黑洞的特征量只有三个,即质量、角动量和电荷。

像宏观热力学一样,黑洞热力学也有四大定律,分别与热力学四条定律一一对应。

第一定律:黑洞服从动量-能量守恒,与热力学第一定律 —— 能量守恒定律对应。

第二定律：黑洞的质量和表面积不会减少，与热力学第二定律——熵增加定律对应。对史瓦兹黑洞，表面积为

$$A = 4\pi r_g^2 = \frac{16\pi G^2 M^2}{c^4}$$

黑洞只能吞噬质量而不能抛出物质，故它的质量 M 和表面积 A 不会减少。

第三定律：不可能通过有限次物理过程使黑洞表面引力 K 变为零，与热力学第三定律——绝对零度不可达到对应。对史瓦兹黑洞，表面引力 K 为

$$K = \frac{GM}{r_g^2} = \frac{c^4}{4GM}$$

因此，不可能通过有限次物理过程使黑洞的质量 M 变成无穷大，K 变为零。

第零定律：黑洞视界面上温度处处相等，与热力学第零定律——温度定律对应。对史瓦兹黑洞，视界面为史瓦兹球表面，黑洞视界面上引力加速度 $K = \frac{GM}{r_g^2}$ 由球面半径 r_g 决定，故处处相等；而 K 又与黑洞温度成正比，故在黑洞视界面上温度处处相等。

霍金证明，由于量子涨落，黑洞表面会蒸发粒子而损失质量 (黑洞不黑)。

量子涨落可能会阻止黑洞坍缩到普朗克长度 L_P 以内，即

$$L_P = \left(\frac{G\hbar}{c^3}\right)^{1/2} = 1.5 \times 10^{-33} \text{cm}$$

超弦理论宣称能对黑洞内发生的过程进行描述。

6.2.2 类星体

20 世纪 80 年代末就已发现 4000 颗类星体 (quasi stellar object, quasar)(图 6-7～图 6-10)，其特征如表 6-8 所示。

表 6-8 类星体的特征量

类星体名称	巨大的红移 z	巨大的距离/Mpc	巨大辐射能/$L_\oplus$(太阳单位)
3C48	0.367	1700	2×10^{12}
3C147	0.545	2600	2×10^{12}
3C273	0.158	900	5×10^{12}
3C196	0.871	3200	1×10^{12}

6.2 黑洞与类星体

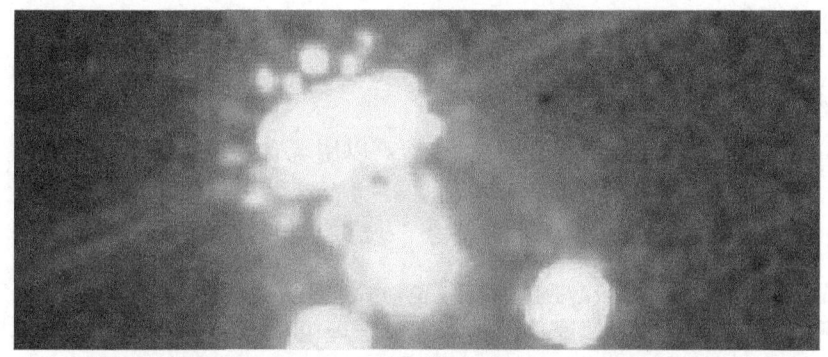

图 6-7 类星体

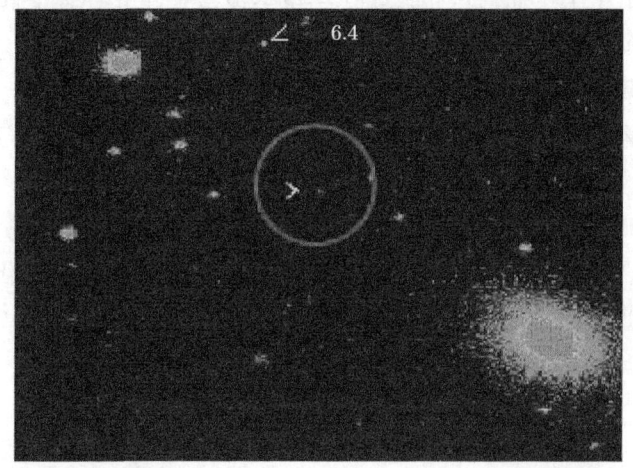

图 6-8 图中央圆圈里的便是人类迄今发现的最遥远的类星体

图 6-9 哈勃太空望远镜拍摄的距地球 150 亿光年的类星体 PKS2349 的照片

图 6-10 由哈勃太空望远镜拍摄的距地球 90 亿光年的类星体照片

类星体光度极大,太阳为 4×10^{26}W,银河系为 1×10^{37}W,类星体为 1×10^{40}W。类星体尺寸小 (直径) 用光时、光天计算。

类星体光谱都发射可见光,但为非黑体辐射谱,即幂律谱,其指数差别大,偏振度小于 10%;有光变,无周期性,光变持续几天、几月甚至几年;有发射谱线,由氢、氦、碳、氮、氧、氖、镁、硅等稀薄气体云产生。

多数类星体的红移大于 1,最大为 5,视速度为 0.946c,接近光速!

类星体之谜：

(1) 类星体巨大红移之起源是宇宙学红移，还是非宇宙学红移 (光子衰老，黑洞引力红移，其物理规律未知)？

(2) 类星体巨大辐射能之来源是什么？难以用现有物理理论解释。

6.3 广义相对论与 (经典) 宇宙学模型

宇宙学模型可分经典模型和量子模型。经典宇宙学模型的理论基础是广义相对论，量子宇宙学模型的理论基础是基本粒子理论和量子引力理论。经典宇宙学模型研究宇宙在引力规律作用下结构如何形成、运行和演化。量子宇宙学模型研究宇宙在量子规律作用下如何产生。现代宇宙学模型是建立在天文和宇宙学观测事实的基础之上的。

6.3.1 现代宇宙学的四大基石

现代宇宙学是建立在四大宇宙学观测事实的基础之上的，它们分别是哈勃膨胀与哈勃定律、微波背景辐射、轻元素的合成以及宇宙的年龄。

1. 哈勃膨胀–哈勃定律

1929 年，哈勃 (E.Hubble) 从 24 个临近星系的退行速度 v 和距离 d 的观测数据得出哈勃定律：$v = H_0 d$，其中哈勃常数 $H_0 = 50 \sim 100 \mathrm{km/(s \cdot Mpc)}$(图 6-11)。

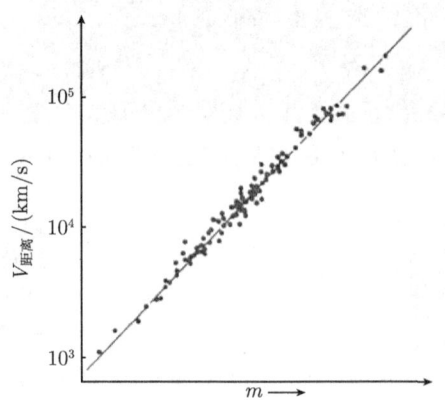

图 6-11　哈勃得到的退行速度–距离的关系

哈勃定律表明，宇宙在均匀膨胀，其退行速度与距离成正比；哈勃定律暗示，膨胀的宇宙始终保持均匀和各向同性 (宇宙学原理成立)。

2. 微波背景辐射

1949 年，伽莫夫根据哈勃膨胀提出，宇宙起源于一次大爆炸，原始火球因膨胀而冷却，留下今天的背景光子温度为 10K。

6.3 广义相对论与 (经典) 宇宙学模型

1964 年 5 月，贝尔实验室的彭齐亚斯和威尔逊从无线电天线的噪声中发现 3.5K(精确值为 2.736K) 的各向同性 (各向异性度为 10^{-5}) 的微波辐射，1978 年获诺贝尔物理学奖 (图 6-12)。

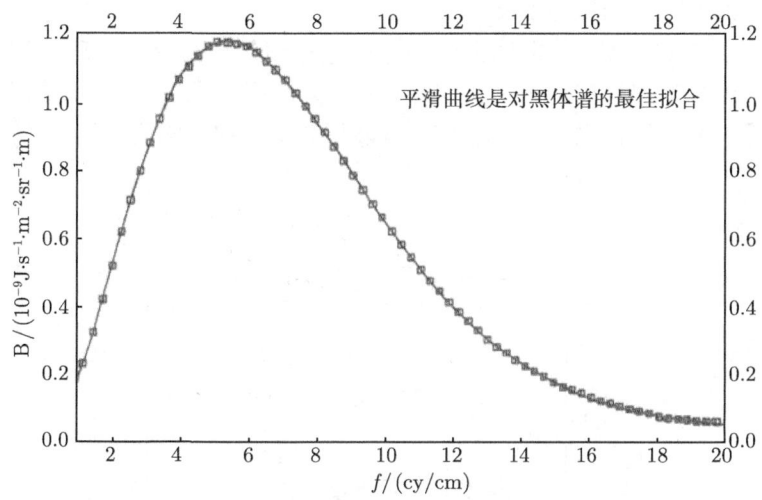

图 6-12 "宇宙背景探测者" 卫星测得的背景辐射

约翰. 马瑟和乔治·斯穆特因背景微波辐射谱的测量和 10^{-5} 的各向异性的测量获 2006 年诺贝尔物理学奖。

在 10^{-4} 精度下，均匀、各向同性的 2.7K 宇宙微波背景辐射 (CMB) 的发现，使确定地球相对于真空背景的运动速度成为可能。从 CMB 温度的偶极振幅的测定值 $\Delta T \approx 1.24\text{mK}$，定出地球相对于真空背景 CMB 的运动速度为 $v_{\text{earth}} \approx (371 \pm 1.5)\text{km/s}$[①]。因此，真空背景微波辐射谱的精密测量使得确定真空背景参考系成为可能。由此，需要对狭义相对论时空理论进行重新审查。研究表明，用洛伦兹变换表述的时空理论和完全的相对性原理，与光速不变假定对钟约定和同时性的相对性密切相关。基于洛伦兹变换的狭义相对论，既包含客观物理成分，又包含美学修饰成分。狭义相对论的客观物理成分体现在相对于真空背景参考系静止的参考系中观察到的运动尺钟的物理效应 (运动的尺缩、钟慢)，而用洛伦兹变换的对称性表述的完全的相对性则包含美学修饰成分。这是上述在真空背景参考系中观察到的客观物理效应，经过光速不变假定和光速对钟约定之后美化和修饰的结果，使得在真空背景参考系中破缺了的、不完全的时空对称性通过隐去作为物理效应载体的真空背景参考系，恢复为完全的洛伦兹对称性。而物理时空的属性总是破缺的，并破缺到时空背景的载体物质 (真空背景参考系) 之中 (见

---

① Batelmann M, Rev. Mod. Phys. 2010, 82: 321-382; Fixsen D J, et al., J. Astrophysics, 1996, 473: 576

本书第二篇第 12 章)。

3. 轻元素的合成

观测所得宇宙各处氦的丰度为 24%。

1964 年，Hoyle Tayler 根据大爆炸宇宙论热演化史和核合成理论计算氦的丰度为 23%~25%；后来，Wagoner-Fowler-Hoyle 又计算了 ^{3}He、D、^{7}Li 的丰度，其中 ^{3}He、^{7}Li 的丰度与氦相比差 7 个量级，但都与观测值完全吻合 (图 6-13)。

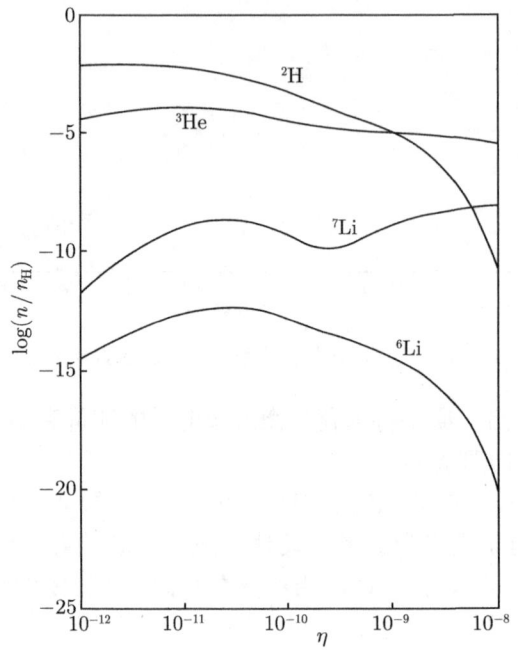

图 6-13　BNN 得到的宇宙轻元素丰作为 η 的函数

S. 钱德拉塞卡尔和 W.A. 福勒因研究恒星结构、演化和宇宙化学元素形成获 1983 年诺贝尔物理学奖。

4. 宇宙的年龄

大爆炸宇宙论预测的年龄与古老天体的年龄观测值完全吻合。

6.3.2　宇宙的重要数据

目前得到的宇宙的重要数据如下：

宇宙半径：$R = 10^{26}$m　　　宇宙质量：$M = 10^{22} M_\oplus$

宇宙密度：$\rho = 10^{-26}$kg/m^3　　宇宙温度：3K

宇宙年龄：$t = 1.37 \times 10^{10}$a   宇宙熵：10^{10}K

宇宙重子数：$N_b = 10^{79}$ 宇宙压强：10^{-17}kPa

6.3.3 宇宙学原理

宇宙在空间大尺度 $(1.25 \sim 2) \times 300$Mpc 范围内是均匀的和各向同性的，宇宙中不存在特殊的中心和方向。

宇宙在小尺度上结团为星系、星系团、超星系团。

6.3.4 广义相对论与标准宇宙模型

广义相对论是标准宇宙模型的理论基础。建立标准宇宙模型的步骤如下：

(1) 从爱因斯坦方程出发；

(2) 引进基于宇宙学原理的罗伯逊–沃尔克 (Robertson Walker) 度规；

(3) 输入宇宙物质的物态方程，得到宇宙的动力学方程 —— 弗里德曼 (Friedman) 方程，即标准宇宙模型的方程。

1. 爱因斯坦方程

爱因斯坦方程为

$$\boldsymbol{R}_{\mu\nu} - \frac{1}{2}\boldsymbol{g}_{\mu\nu}R + \Lambda g_{\mu\nu} = -8\pi G \boldsymbol{T}_{\mu\nu}$$

式中，$g_{\mu\nu}$ 是度规张量；$\boldsymbol{R}_{\mu\nu}$ 是黎曼曲率张量；R 是黎曼标量曲率；Λ 是宇宙学常数；$\boldsymbol{T}_{\mu\nu}$ 是动量–能量张量；引力常数的值为 $G = 6.672 \times 10^{-11}$N·m^2/kg^2。

2. 罗伯逊–沃尔克度规

按照宇宙学原理，宇宙在空间上是均匀的和各向同性的，罗伯逊–沃尔克提出满足上述宇宙学原理要求的宇宙学度规为

$$ds^2 = dt^2 - R^2(t)\left(\frac{dr^2}{1-kr^2} + r^2 d\theta^2 + r^2 \sin^2\theta d\varphi^2\right)$$

式中，$\{r, \theta, \varphi\}$ 为共动坐标；r 不随时间变化；t 是在共动坐标系中由静止的观测者测得的宇宙原时；$R(t)$ 是随时间变化的宇宙尺度因子，包含了宇宙膨胀的思想；k 是宇宙曲率常数，其取值不同对应不同的宇宙，即

$$k = \begin{cases} +1, & \text{闭合宇宙} \\ 0, & \text{平坦宇宙} \\ -1, & \text{开放宇宙} \end{cases}$$

罗伯逊-沃尔克宇宙度规描述宇宙的时空结构，仅由一个函数 $R(t)$ 刻画，由它可得时间膨胀和宇宙学红移公式。由 $\{d\theta = 0, d\varphi = 0\}$ 可得

$$\frac{\Delta t_0}{\Delta t_1} = \frac{R(t_0)}{R(t_1)} = \frac{\lambda_0}{\lambda_1} = 1 + z$$

上式表明，遥远星体发出的光的波长 λ_1 比今天地球上的波长 λ_0 短了 $(1+z)$ 倍；遥远星体的时钟比今天地球上的时钟走得快。

3. **宇宙的动量-能量张量**

均匀的和各向同性的宇宙介质的动量-能量张量的形式应和理想流体一样，则有

$$\boldsymbol{T}^{\mu\nu} = (\rho + P)U^\mu U^\nu + P\boldsymbol{g}^{\mu\nu}$$

式中，ρ、P 分别是介质的密度和压强；四维速度 $U^\mu = (1, 0, 0, 0)$。

4. **宇宙的动力学方程**

把罗伯逊-沃尔克宇宙度规和宇宙的动量-能量张量代入爱因斯坦方程，就得到标准宇宙模型的两个独立的方程——弗里德曼 (Friedman) 方程，即

$$\ddot{R} = -\frac{4\pi G}{3}(\rho + 3P) + \frac{\Lambda}{3}R$$

$$\dot{R}^2 + k = \frac{8\pi G}{3}\rho R^2 + \frac{\Lambda}{3}R^2$$

或

$$H^2 = \left(\frac{\dot{R}}{R}\right)^2 = \frac{8\pi G}{3}\rho + \frac{\Lambda}{3} - \frac{k}{R^2}$$

第一式描述宇宙加速膨胀，它由物质、辐射和宇宙常数决定；第二式描述宇宙膨胀，它由物质、宇宙常数和曲率决定。

5. **物态方程**: $P = P(\rho)$

由动量能量守恒

$$T^{\mu\nu}_{\nu} = 0$$

可得

$$\frac{d(\rho R^3)}{dR} = -3PR^2$$

由物态方程 $P = P(\rho)$ 可求得 $\rho = \rho(R)$，进而求解 $R(t)$ 的方程。

从物质为主的宇宙 $(\rho \gg P \approx 0)$ 得 $\rho = \dfrac{C}{R^3}$；从辐射为主的宇宙 $(P = \rho/3)$ 得

$$\rho = \frac{C}{R^4}.$$

宇宙常数项大大延长了宇宙的寿命,加快了宇宙的膨胀。

6.4 大爆炸 (量子) 宇宙学

大爆炸 (量子) 宇宙学认为,宇宙产生于已于 137 亿年前高温高密度火球的一次大爆炸,其后的演化过程如下所述 (图 6-14)。

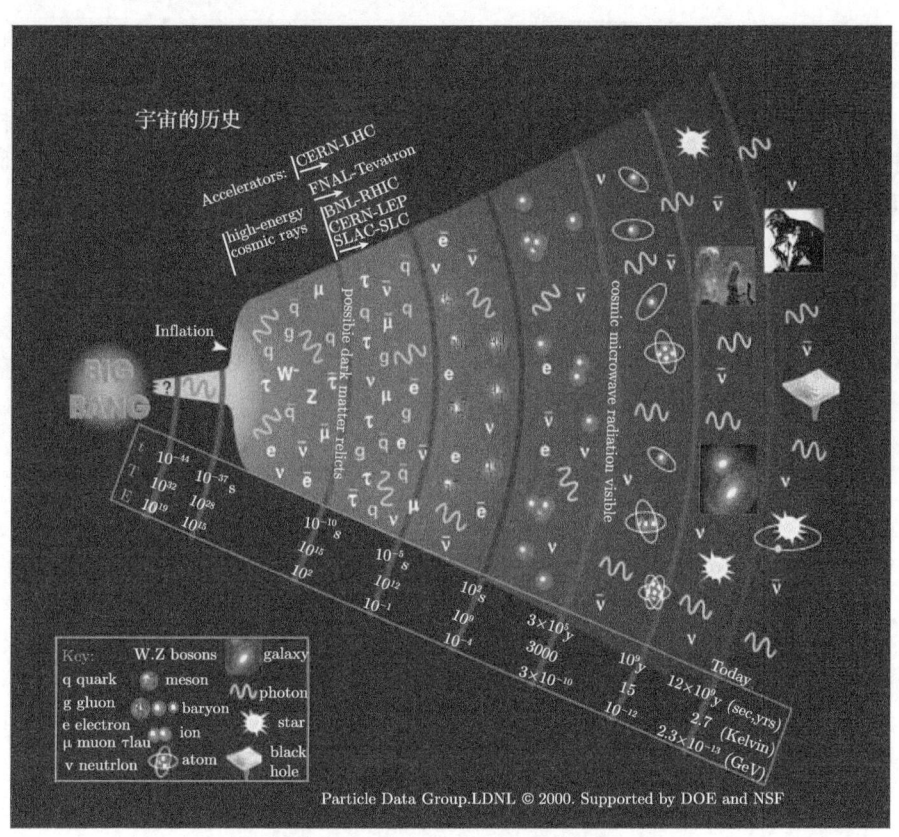

图 6-14 大爆炸宇宙的演化历史

10^{-43}s:引力是量子化的,四种相互作用大统一。

10^{-35}s:发生最初暴涨,大统一终结,强力与弱电力分离,夸克数与光子数相等,光子数与重子数之比为 $10^9 \sim 10^{10}$。

10^{-32}s:暴涨结束,宇宙从 10^{-25}m 迅速膨胀至 0.1m,然后逐渐膨胀到现在的 10^{26}m;这时宇宙的主要组分是光子、正反夸克、有色胶子;质子不稳定,尚无元素成。

10^{-12}s：弱力与电磁力分离，宇宙较平静。

$10^2 \sim 10^3$s：宇宙元素的原初合成。

10^{11}s：光子与重子退耦，从辐射为主的宇宙转变成物质为主的宇宙；电子与原子核结合成原子。

10^{16}s：星系、恒星、行星开始形成。

10^{18}s：现在，星系继续退行，宇宙温度继续下降，宇宙膨胀继续。

6.5 宇宙的加速膨胀与暗物质、暗能量

可靠的天文观测数据表明，宇宙在加速膨胀，宇宙中存在着大量的暗物质和暗能量。暗物质和暗能量的发现是物理学和天体物理学的重大事件，对暗物质和暗能量的解释构成了对天体物理学、宇宙学和基本粒子物理学的最大挑战。

6.5.1 暗物质

有人把暗物质比作是 20 世纪和 21 世纪天文学和物理学"晴空"中的"乌云"。1937 年，Zwicky 从星团中发现暗物质，暗物质决定了宇宙大尺度结构以及星团和星系形成、演化和命运 (图 6-15)。

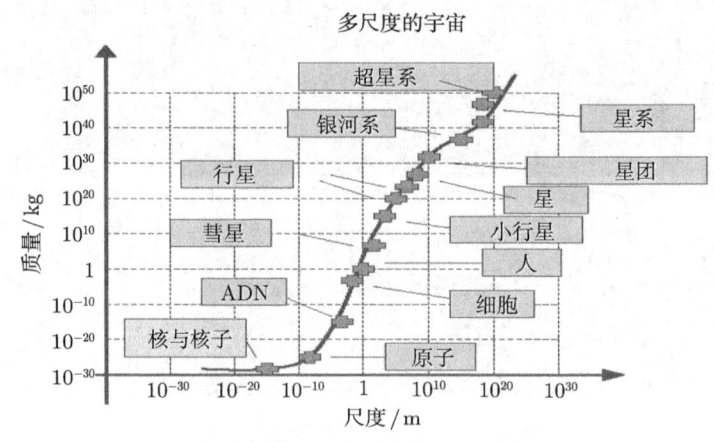

图 6-15　各种空间尺度上的宇宙物质

发现暗物质的观察证据：

(1) 处于 r 处的星系的旋转速度曲线 (图 6-16)。当 $M(r)$ 为常数时，旋转速度为

$$V_{\rm rot} = \sqrt{\frac{GM(r)}{r}} \longrightarrow r^{-1/2}$$

而观测值为

$$V_{\rm rot} \longrightarrow C$$

导致

$$M(r) \longrightarrow kr, \rho_{\rm DM}(r) \longrightarrow r^{-2}$$

表明在 r 以内有大量看不见的质量。

(2) 质量为 m 的卫星星系和球状星系的引力潮汐半径 r。

$$\frac{r}{R} \approx \left[\frac{m}{M(R)}\right]^{1/3}$$

由此推知,银河系的质量为 $10^{12} M_\oplus$,比河内发光物质大 10 倍;对矮球状星系,由此推知的质量比天文观测值大 $50\sim100$ 倍。

(3) 重子物质与总物质之比为

$$f_b = \frac{M_{\rm star} + M_{\rm gas}}{M_{\rm star} + M_{\rm gas} + M_{\rm dark}} = 0.3$$

表明宇宙中 70% 以上的物质是暗物质。按照现代粒子物理,这些不发光的暗物质可能是弱相互作用的重粒子 (WIMPS)。

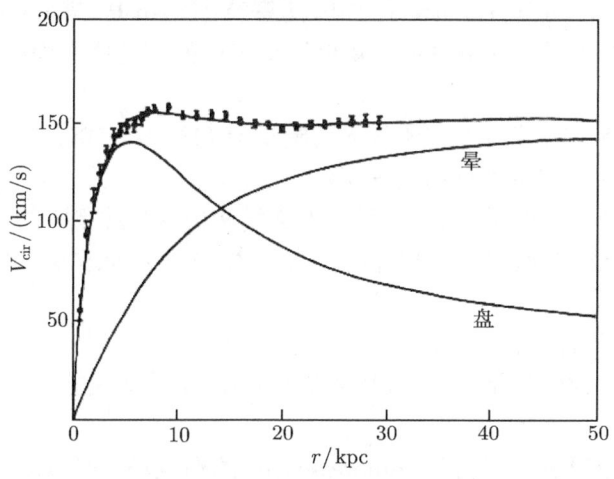

图 6-16　旋涡星系 NGC3189 的转动曲线

6.5.2　宇宙加速膨胀与暗能量

近年天文学的惊人发现是宇宙在加速膨胀,宇宙加速膨胀预示宇宙大量暗能量的存在。这一结论基于下述三个事实:

1. 宇宙加速膨胀的三个天文观测事实

(1) 宇宙微波背景辐射 (CMB) 的各向异性 (2001)；

(2) SNeIa 超新星的红移 (1996, 1998)；

(3) 宇宙大尺度的幂律谱 (2000, 2001)。

2. 宇宙加速膨胀预示宇宙大量暗能量的存在

根据弗里德曼加速度方程

$$\ddot{R} = -\frac{4\pi G}{3}(\rho + 3P) + \frac{\Lambda}{3}R$$

由观测事实可知加速度大于零，即

$$\ddot{R} > 0$$

由水星进动知 Λ 很小，如果把 Λ 很小推广至宇宙学范围，则要求有另一种暗物质存在，具有负压强，即

$$p < -\frac{1}{3}\rho$$

它以类辐射能的形式存在，但有负压强，均匀分布，在宇宙学大尺度范围起作用，称为暗能量。

S. 佩尔马特 (Saul Perlmutter)、B.P. 施密特 (Brian P. Schmidt) 和 A.G. 里斯 (Adam G. Riess) 因通过观测遥远超新星发现宇宙的加速膨胀而获得 2011 年诺贝尔物理学奖。

综上所述，宇宙中存在大量不发光的暗物质 (23%)；宇宙在加速膨胀表明宇宙存在暗能量 (73%)；宇宙可见物质占 4%。

暗能量的发现是 20 世纪和 21 世纪天文学和物理学的更大的"乌云"，它完全超出了现代天文学和物理学认识的范围，预示着 21 世纪天文学和物理学的革命已拉开序幕。

对暗能量的几种理论解释：

(1) 有人从修改广义相对论 (如引入标量曲率 R 的非线性项) 来解释宇宙加速膨胀。

(2) 还有人用第五精华物质 (quintessence) 的标量场来唯象地解释暗能量的宇宙学效应。

(3) 多数人倾向于用宇宙项解释宇宙加速膨胀：包含宇宙项的爱因斯坦方程的度规渐进趋于膨胀的 de Sitter 时空的度规和 Robertson-Walker 度规是该方程的解。这时所有基本物理定律和因果性都必须在随动参考系中重新考察。问题是宇宙常数 Λ 的来源 [14]。

6.6 天体物理学问题：宇宙学问题与粒子物理学问题的关联

我们用下面一段话来作为本章的结语，以勉励年轻的读者。类星体能量的来源，暗物质、暗能量和黑洞的性质及其蕴涵的新的基本物理学规律，宇宙的产生、演化和结构的形成，宇宙的加速膨胀及其归宿，是 21 世纪是天体物理、宇宙学和粒子物理学的几大难题。这些问题的解决将导致我们对所在的宇宙的真空背景的宇观性质、宏观性质和微观性质和规律的新的认识。正是宇宙真空背景的这些宇观的、宏观的和微观的性质和规律，决定了宇宙万物 (从整个宇宙到基本粒子) 的存在形式和基本性质。因此，这些问题的解决将导致宇宙学和物理学，特别是粒子物理学的革命。只有天体物理学、宇宙学与粒子物理学这几门学科密切合作与共同努力，才能解决这些世纪性的、革命性的、意义重大的科学难题。现在，我们已经看到了这些科学难题发出的灿烂而迷人的曙光的召唤。这是 21 世纪青年物理学家的幸运，解决这些科学难题是他们责无旁贷的历史使命。

参 考 文 献

[1] Black P, Drake G, Jossem L. 物理 2000——进入新千年的物理学. 赵凯华, 等译. 北京: 北京大学出版社, 2000
[2] 丁一宾. 统一之路——90 年代理论物理前沿课题. 长沙: 湖南科学技术出版社, 1997
[3] 引力、宇宙学和宇宙线物理学专门小组. 90 年代物理学——引力、宇宙学和宇宙线物理学. 北京: 科学出版社, 1994
[4] 李宗伟, 肖兴华. 天体物理学. 北京: 高等教育出版社, 2001
[5] 约翰–皮尔. 卢米涅. 黑洞. 长沙: 湖南科学技术出版社, 2003
[6] 斯蒂芬. 霍金. 万有理论——宇宙的起源与归宿. 海口: 海南出版社, 三环出版社, 2003
[7] 刘辽, 赵峥. 广义相对论 (第二版). 北京: 高等教育出版社, 2004
[8] 俞允强. 物理宇宙学讲义. 北京: 北京大学出版社, 2002
[9] 俞允强. 热大爆炸宇宙学. 北京: 北京大学出版社, 2001
[10] 赵峥. 黑洞的热性质与时空奇异. 北京: 北京师范大学出版社, 1999
[11] Ginzburg V L. Nobel Lecture, in Review of Modern Physics, 2005, l38: 3579-3593
[12] 美国能源部和国家科学基金会委托美国高能物理顾问委员会 (HEPAP) 编著, Quantum Universe(量子宇宙), 2004; 江向东, 黄艳华. 量子宇宙——21 世纪粒子物理学的革命. 现代物理知识, 2005, 17(2): 3-11
[13] 陆埮. 宇宙物理学的最大研究对象. 长沙: 湖南教育出版社, 1994
[14] 王顺金. 膨胀宇宙中的真空量子涨落与暗能量, arXiv: 1301. 1291 [physics. gen-ph]2 Jan 2013

第 7 章 量子信息、量子通信与量子计算

7.1 量子力学简介

量子信息、量子通信与量子计算是量子力学与信息科学和计算机科学的交叉，量子力学是其物理学基础。因此，本章从量子力学的简介开始。

7.1.1 量子力学基本原理

像所有动力学理论一样，量子力学的基本理论构架可分为运动学与动力学两个部分。

1. 运动学

运动学的目的是解决运动状态的描述问题，它的具体任务是确定运动学变量及其代数关系。像经典力学一样，量子系统的基本运动学变量是广义坐标 $\hat{q}_i$ 和广义动量 $\hat{p}_i$，它们之间的代数关系为海森伯代数，即

$$[\hat{q}_i, \hat{p}_j] = \mathrm{i}\hbar \delta_{ij} \tag{7-1a}$$

$$[\hat{q}_i, \hat{q}_j] = [\hat{p}_i, \hat{p}_j] = 0 \tag{7-1b}$$

而经典力学的基本运动学变量也是广义坐标 q_i 和广义动量 p_i，但它们服从的却是泊松代数，即

$$\{q_i, p_j\} = \delta_{ij} \tag{7-2a}$$

$$\{q_i, q_j\} = \{p_i, p_j\} = 0 \tag{7-2b}$$

$$\{X(q,p), Y(q,p)\} = \frac{\partial X}{\partial q_i}\frac{\partial Y}{\partial p_i} - \frac{\partial X}{\partial p_i}\frac{\partial Y}{\partial q_i} \tag{7-2c}$$

运动学代数的不同使得量子力学的基本运动学变量 $\{\hat{q}_i, \hat{p}_i\}$ 成为不对易的算符 (q-numbers)，而经典力学的基本运动学变量 $\{q_i, p_i\}$ 却是普通的可对易的数 (c-numbers)。其后果是，力学量 $\hat{O}(\hat{q},\hat{p})$ 对应算符，运动状态用波函数 ψ 描述。

既然量子力学的基本运动学变量是算符，那么由它们组成的物理学力学量自然也成为算符，它们必须作用于具体的对象上才能给出物理上可观测量的数值。量子力学的力学量算符作用的对象称为态矢 (状态矢量)，描述量子系统的状态，用 $|\psi\rangle$ 表示，代表量子态几率幅。所有态矢的集合构成量子态的无穷维希尔伯特空间，

力学量算符则是作用于希尔伯特空间的算符。态叠加原理使得量子态的希尔伯特空间成矢量空间。

2. 动力学

动力学的任务是确定运动状态如何随时间变化。具体说，就是确定 $\{\hat{q}_i, \hat{p}_i\}$ 或者 $|\psi\rangle$ 随时间变化的规律。为此，动力学要解决以下三个问题。

(1) 惯性律：确定系统的质量 m。

(2) 力律：确定系统的势场 $V(\boldsymbol{r})$。

惯性律与力律二者确定了系统的厄米的哈密顿量。

$$\hat{H} = \frac{\hat{p}^2}{2m} + V(\boldsymbol{r}), \quad \hat{H}^+ = H \tag{7-3}$$

(3) 运动方程：运动方程是能量守恒的微分形式，决定系统的时间平移 (微分演化) 规律。

对力学量而言，其运动方程为海森伯方程。对坐标与动量有

$$\frac{\mathrm{d}\hat{q}_i}{\mathrm{d}t} = \frac{1}{\mathrm{i}\hbar}[\hat{q}_i, \hat{H}] \tag{7-4a}$$

$$\frac{\mathrm{d}\hat{p}_i}{\mathrm{d}t} = \frac{1}{\mathrm{i}\hbar}[\hat{p}_i, \hat{H}] \tag{7-4b}$$

对一般力学量有

$$\frac{\mathrm{d}\hat{O}(\hat{q},\hat{p})}{\mathrm{d}t} = \frac{1}{\mathrm{i}\hbar}[\hat{O}, \hat{H}] \tag{7-4c}$$

对量子态而言，其运动方程为薛定谔方程，即

$$\mathrm{i}\hbar\frac{\partial \psi(q,t)}{\partial t} = \hat{H}(q,\hat{p})\psi(q,t) \tag{7-5}$$

厄米的哈密顿量导致状态的幺正的时间演化算子，即

$$\hat{U} = \mathrm{e}^{-\mathrm{i}\hat{H}t/\hbar}, \quad \hat{U}^+(t) = \hat{U}^{-1}(t) \tag{7-6}$$

$$\psi(q,t) = \hat{U}(t,0)\psi(q,0) \tag{7-7}$$

$$\hat{O}(t) = \hat{U}^+(t)\hat{O}(0)\hat{U}(t) \tag{7-8}$$

3. 观测理论

观测理论要解决理论对象 $(\hat{O}, \psi)$ 与实验对象 (观测量) 之间的对应问题，这是量子论所特有的。

力学量对应于算符 $\hat{O}$，量子态对应于态矢 ψ，使得量子力学理论处理的物理量与实验上的观测量之间有一个距离。观测理论就是要回答如何从理论上的力学量算符和量子态波函数或态矢获得实验上的物理量的观测值。其规则如下：

(1) $\psi(r)$ 是状态的概率幅,而 $|\psi(r)|^2$ 代表粒子在 r 处的概率密度;

(2) 只有力学量 $\hat{O}$ 的本征值 O_n 是可观测的;一般情况下,观测到本征值 O_n 的概率为 p_n,多次观测可给出力学量 $\hat{O}$ 的平均值为

$$\langle\psi|\hat{O}|\psi\rangle = \sum p_n O_n \tag{7-9a}$$

其中

$$\psi = \sum C_n \psi_n, \quad \hat{O}\psi_n = O_n \psi_n \tag{7-9b}$$

$$p_n = |C_n|^2 \tag{7-9c}$$

请注意两点:①量子力学的测量,一般指对系统整体的测量;②量子信息与量子计算的测量则强调对系统各部分的测量。

以上论述仅涉及观测理论的数学描述方面,观测理论的实验方面则要复杂和深刻得多,基本上涉及以下几个基本问题:

(1) 如何在实验仪器的结构上体现出对物理量算符 $\hat{O}$ 的测量,即如何实现实验仪器及其操作与力学量算符的对应;

(2) 在力学量算符 $\hat{O}$ 对应的实验装置上进行的实验测量中,量子态如何塌缩、转化为算符 $\hat{O}$ 的本征态并给出相应的测量本征值;

(3) 量子测量的实验过程能够用量子力学理论本身描述吗?这些基本问题成为近年来开展的量子论研究的热点,这些研究将有助于量子论的进一步发展,对量子信息论来说更是极为重要的基础性问题(见 7.8 节量子信息和量子通信提出的量子论的基本问题)。

7.1.2 量子力学的特点

量子力学具有与经典力学本质上不同的特点,这里归纳几条与量子信息和量子计算有关的特点。

(1) 状态波函数 $\psi(r)$ 是非定域的,导致信息储存的非定域性。

(2) 多体系统波函数一般是纠缠的。

(3) 状态波函数 $\psi(r)$ 服从态叠加原理,使量子比特储存信息的能力大大增加。

(4) 状态波函数 $\psi(r)$ 是概率波,使得信息的获取是或然的。

(5) 量子测量通常要改变或破坏被测对象的状态,导致量子态不可克隆,这是量子保密通信的物理基础。

上述五点中,(1)、(2) 两点一起构成信息远程传递的物理基础,而 (2)、(3) 两点一起构成量子平行运算的物理基础。

7.1.3 纯态与混合态

量子力学系统脱离不开环境，在环境的影响下，一个纯粹的量子力学态就变成混合态，量子力学就过渡到量子统计力学。

1. 纯态与混合态

若量子系统的状态用一个波函数来描述，这个波函数服从薛定谔方程，则这种以波函数和薛定谔方程为基础的、对系统的描述就是量子力学的描述。

从量子统计力学的观点看，用一个波函数描述的系统的状态称为纯态，这样的系统的状态称为纯粹系综。在一般情况下，由于环境的影响，一个量子系统需要用几个或一系列状态波函数 $\psi_1, \psi_2, \cdots, \psi_n$ 来描述，而每个状态以一定的概率 $w_1, w_2, \cdots, w_n$ 出现，但它们不能叠加产生一个新的量子态，而只是一系列状态的混合物。这样的量子状态可以看成是以一定概率出现的一系列状态，故把它称为混合态或混合系综。如把一个量子系统放在一个热槽中，由于受热槽的影响，这个系统的本征态 $\{E_n, \psi_n\}$ 会以正则概率 $w_n \approx \mathrm{e}^{-E_n/kT}$ 出现。这个 w_n 概率不是量子力学定律决定的，而是统计热力学正则分布定律决定的几率，因而是非量子的经典性的概率。

对于混合系综，前面介绍的描述纯粹系综的量子力学方法显然是不够的，必须寻求新的描述方法。而现有的密度矩阵理论和格林函数理论正好适合对混合系综的描述。因为纯粹系综是混合系综的特例（纯粹系综 $w_n = 1$，其他 $w_m = 0, m \neq n$），密度矩阵理论和格林函数理论自然也适合描述纯粹系综，因而与波函数的描述是等价的。

2. 密度矩阵理论

1) 密度矩阵与冯·诺伊曼方程

考虑具有二体相互作用的费米子系统，其哈密顿量为

$$\hat{H} = \sum_{i=1}^{A} \hat{h}(i) + \frac{1}{2} \sum_{i \neq j}^{A} v(ij), \quad \hat{H}^+ = H \tag{7-10}$$

$$\hat{h}(i) = \frac{-\hbar^2}{2m_i} \nabla_i^2 + U(r_i) \tag{7-11}$$

时间有关的薛定谔方程为

$$\mathrm{i}\hbar \frac{\partial \psi_A(x)}{\partial t} = \hat{H} \psi_A(x) \tag{7-12a}$$

其共轭方程为

$$-\mathrm{i}\hbar \frac{\partial \psi_A^*(x')}{\partial t} = H(x') \psi_A^*(x') \tag{7-12b}$$

由 $\psi^*(x)\times$ 式 (7–12a)– 式 (7–12b) $\times \psi(x')$ 得

$$\frac{\partial \rho_A(x,x')}{\partial t} = \hat{H}(x)\rho_A(x,x') - \rho_A(x,x')\hat{H}(x') \tag{7-13}$$

式 (7-13) 称冯·诺伊曼方程，是 A 个粒子的系统的密度矩阵

$$\rho_A(x,x',t) = \psi_A(xt)\psi_A^*(x't) \tag{7-14}$$

满足的运动方程。$\rho_A(x,x't)$ 是密度矩阵算符 (统计算符)$\hat{\rho}_A$ 在坐标表象的矩阵元。写成算符形式后，冯·诺伊曼方程为

$$i\hbar\frac{\partial \hat{\rho}_A}{\partial t} = \left[\hat{H}\hat{\rho}_A - \hat{\rho}_A\hat{H}\right] = \hat{L}_H\hat{\rho}_A \tag{7-15}$$

其中，$\hat{L}_H$ 是对应于 $\hat{H}$ 的冯·诺伊曼算符 (或量子刘维算符)，$\hat{\rho}_A$ 的抽象 (狄拉克符号) 表示为

$$\hat{\rho}_A = |\psi_A\rangle\langle\psi_A| \tag{7-16}$$

在 X~ 表象中的矩阵元为

$$\langle x|\hat{\rho}_A|x'\rangle = \langle x|\psi_A\rangle\langle\psi_A|x'\rangle = \psi_A(x)\psi_A^*(x') \tag{7-17}$$

可证冯·诺伊曼方程 (7-13)，(7-15) 与薛定谔方程 (7-12) 等价。

冯·诺伊曼方程可以推广到混合系综的情况，这时，

$$\hat{\rho}_A = \sum_n w_n|\psi_n\rangle\langle\psi_n|, \quad \sum_n w_n = 1, \quad \dot{w}_n = 0 \tag{7-18}$$

$$i\hbar\frac{\partial \hat{\rho}_A}{\partial t} = (\hat{H}\hat{\rho}_A - \hat{\rho}_A\hat{H}) = \hat{L}_H\hat{\rho}_A \tag{7-19}$$

其中

$$\hat{H}|\psi_n\rangle = E_n|\psi_n\rangle \quad \langle\psi_n|\psi_m\rangle = \delta_{nm} \tag{7-20}$$

由于混合态分布概率 w_n 是外部引进的、与时间无关的，冯·诺伊曼方程描述的混合系综的动力学演化是由 $\psi_n(x,t)$ 的量子动力学演化引起的 $\hat{\rho}_A(t)$ 的动力学演化。在 $\hat{\rho}_A$ 中 $\psi_n(x,t)$ 是量子力学动力学量，而 w_n 是非量子的外在的统计量。

冯·诺伊曼方程 (7-19) 的解为

$$\rho_A(t) = \hat{U}(t)\rho_A(0)\hat{U}^+(t) \tag{7-21}$$
$$\hat{U} = e^{-i\hat{H}t/\hbar}$$

这表明，密度矩阵的时间演化由量子动力学量 $\hat{H}$ 决定。式 (7-21) 是量子运算 (操作) 的物理基础。

2) 约化密度矩阵及其运动方程

引进 n 体约化密度矩阵 (Sp=Tr= 求迹 = 对连续变量积分，对不连续变量求和)

$$\rho_n(12\cdots n;1'2'\cdots n') = \frac{1}{(A-n)!}\mathrm{Tr}_{(n+1\cdots A)}\rho_A(12\cdots n n+1\cdots A;1'2'\cdots n' n+1\cdots A)$$
$$= \frac{1}{(A-n)!}\int\mathrm{d}x_{n+1}\cdots\mathrm{d}x_A \rho_A(x_1\cdots x_n x_{n+1}\cdots x_A;x_1'\cdots x_n' x_{n+1}\cdots x_A) \quad (7\text{-}22)$$

令单粒子 (一体) 密度矩阵 $\rho_1(x,x') = \rho(x,x')$，其对角元素 $\rho(x,x)$ 表示多体系在 x 点的粒子密度；二体密度矩阵 ρ_2 的对角元 $\rho_2(x_1 x_2;x_1 x_2)$ 表示在 x_1 和 x_2 两点各有粒子的联合密度，其余以此类推。$\hat{\rho}_n$ 的非对角元体现出粒子间的量子力学波函数的相干性，包含着物质波的相位信息。因此，量子力学波函数作为物质波的动力学信息主要包含在 $\hat{\rho}_n$ 的非对角元之中，它们真正体现出量子力学的波动与相干。

由冯·诺伊曼方程可推出 ρ_n 的运动方程，该方程组称为 BBGKY 系列，是链条式的耦合的非线性的方程组系列，与冯·诺伊曼方程等价；但是它们已经把描述多体系统的总体性质 ρ_A 的方程，分解成 $\rho_1,\rho_2,\rho_3,\cdots,\rho_n$ 等一系列描述部分粒子集团的信息的方程，ρ_n 所描述的 n 个粒子集团的子结构正好包含量子多体系统的 n 体关联。BBGKY 系列的缺点是没有提供一个合理而系统的截断方案，因而这个众多 (几乎无限) 的方程组系列不能截断求解。克服这一缺点的努力导致关联密度矩阵动力学的建立。

3) 两类不同自由度的约化密度矩阵及其运动方程

考虑一个量子体系有两类不同的自由度，人们关心的相关的自由度是 $\{X_i\}$，不大关心的非相关的自由度是 $\{\xi_j\}$。系统的哈密顿量为

$$\hat{H}(X,\xi) = \hat{H}_0(X) + \hat{H}_1(\xi) + \hat{H}_{\mathrm{int}}(X,\xi) \quad (7\text{-}23)$$

从时间有关的薛定谔方程

$$\mathrm{i}\hbar\frac{\partial \Psi(X,\xi,t)}{\partial t} = \hat{H}(X,\xi)\Psi(X,\xi,t) \quad (7\text{-}24)$$

可得冯·诺伊曼方程

$$\mathrm{i}\hbar\frac{\partial \rho(X,\xi,X',\xi',t)}{\partial t} = [\hat{H},\rho] \quad (7\text{-}25)$$
$$= \hat{H}(X,\xi)\rho(X,\xi,X',\xi',t) - \rho(X,\xi,X',\xi',t)\hat{H}(X'\xi')$$

若只对子系统 $\{X_i\}$ 感兴趣，则可以把 $\{\xi_i\}$ 自由度积分掉，得 $\{X_i\}$ 空间的约化密度矩阵为

$$\rho(X, X', t) = \mathrm{Tr}_{(\xi)} \rho(X_i\xi_i, X'_i\xi_i, t) \tag{7-26}$$

及其运动方程

$$i\hbar \frac{\partial \rho(X, X', t)}{\partial t} = \mathrm{Tr}_{(\xi)}[\hat{H}(X\xi)\rho(X\xi, X'\xi', t) - \rho(X\xi, X'\xi', t)\hat{H}(X'\xi')] \tag{7-27}$$

进而计算 $\{X_i\}$ 空间的力学量 $\hat{O}(X, \hat{P})$。反之，可得 $\{\xi_i\}$ 空间的约化密度矩阵为

$$\rho(\xi, , \xi', t) = \mathrm{Tr}_{(X)} \rho(X_i\xi_i, X_i\xi'_i, t) \tag{7-28}$$

及其运动方程，并计算相应的力学量 $\hat{O}(\xi, \hat{P}_\xi)$ 的平均值。

例如，一个谐振子在热槽的影响下运动，则振子自由度 $\{X_i\}$ 是我们关心的自由度，热槽分子的自由度$\{\xi_i\}$ 是我们不大关心的，对$\{\xi_i\}$积分求迹相当于只考虑热槽对振子的总体平均影响而不考虑其细节[8]。

7.2 量子力学与信息论

要把信息论和常规的自然科学特别是量子力学放在一个框架内加以考察，就需用统一的观点去观察自然界和人类社会。

7.2.1 自然界和社会的三大要素

自然界和人类社会的物质运动都有三大要素 (表 7-1)，它们之间存在本质性的对应：

表 7-1 自然界和人类社会的三大要素

自然界的三大要素	人类社会的三大要素
物质，能量，运动状态	物质，能量，信息

因为运动状态是物质和能量存在的具体形式，是信息的载体，运动状态和信息则是同一事物的两个侧面：从物理学考察的运动状态，从信息论考察却是信息的载体，因此运动状态与信息的对应是本质性的。

7.2.2 信息论

信息论 (香农，1948) 研究信息的本质，信息的产生、存储、传输、编码、译码，信道的有效性与可靠性以及噪声的影响等问题。

7.2.3 信息论与物理学

信息论与物理学的本质联系是信息需要物理载体，物理态可以储存信息；信息是编码在物理态上的知识，是对物理态时空结构的编码；信息的提取是对编码的物

理态的测量；信息的传输是编码的物理态的传输；信息的加工处理是在计算机中对编码的物理态进行的有控制的动力学演化。信息的存储、提取、传输、处理需要借助物理手段，计算机是处理信息的物理实体。

7.2.4 经典信息论与量子信息论

经典信息论是以经典物理作为其物理学基础的，量子信息论则是以量子力学作为其物理学基础的。利用经典物理学规律和经典态进行信息编码、信息处理和传输，就是经典信息论；利用量子物理学规律和量子态进行信息编码、信息处理和传输，就是量子信息论。

7.2.5 量子计算与量子通信

量子信息论是量子通信和量子计算的基础。基于量子信息论原理的计算称为量子计算；基于量子信息论原理的通信称为量子通信。

7.2.6 量子计算与量子通信的优点和必要性

1. 经典计算的极限与缺陷

摩尔法则：每经过 18 个月，CPU 能力增加一倍，价格降低一倍。
芯片线宽：$0.2\mu \to 0.1\mu$，达到经典物理极限，芯片设计必须考虑量子效应。
芯片的热耗散：经典逻辑运算的不可逆性会导致严重的芯片热耗散的产生。

2. 量子计算的优点

量子计算除平行运算带来的高速外，还有经典计算机没有的特点：量子计算是可逆的，产生很小的能量耗散；量子相干性和纠缠带来新算法使运算加速。

3. 量子通信的优点

量子通信的优点是量子密码不可破译。

7.2.7 量子信息学与量子计算已取得的成绩

(1) 建立了香农编码定理的量子推广；
(2) 量子纠缠现象已用于量子通信，创造了经典信息论没有的"绝对安全密钥"、"稠密编码"和"隐形传态"；
(3) 构造出"大数质因子分解"，"未整理的数据库搜索"等量子算法；
(4) 在局域网上实现了量子密钥分配；
(5) 实现了量子隐形传态；
(6) 物理上实现了量子基本逻辑门运算；
(7) 实现了 7 个量子比特的计算。

7.3 量子信息

量子信息是编码在量子物理态上的信息。量子信息的储存、加工和传递，在很大程度上依靠于量子态的纠缠特性。

7.3.1 量子纠缠

量子纠缠是多粒子系统量子态的特征，具有非定域性，在量子信息中扮演着十分重要的角色，为信息传递和信息处理提供了物理资源。

1. 复合系统纯态的施密特分解

由两个子系统组成的复合系统的波函数可做以下分解

$$|\psi\rangle = \sum_m \sqrt{\rho_m} e^{i\alpha_m} |\phi_m^{(1)}\rangle |\phi_m^{(2)}\rangle \tag{7-29}$$

其中，$|\phi_m^{(1)}\rangle$、$|\phi_m^{(2)}\rangle$ 是下述约化密度矩阵的本征态。

$$\hat{\rho} = |\psi\rangle\langle\psi|, \quad \hat{\rho}^{(1)} = \text{Tr}_{(2)}\hat{\rho}, \quad \hat{\rho}^{(2)} = \text{Tr}_{(1)}\hat{\rho} \tag{7-30a}$$

$$\hat{\rho}^{(i)}|\phi_m^{(i)}\rangle = \rho_m|\phi_m^{(i)}\rangle, \quad (i=1,2) \tag{7-30b}$$

其中，$|\phi_m^{(1)}\rangle$、$|\phi_m^{(2)}\rangle$ 称对偶基，是正交规一的，即

$$\langle\phi_m^{(i)}|\phi_n^{(i)}\rangle = \delta_{mn}, \quad \sum_m \rho_m = 1 \tag{7-30c}$$

2. 量子纠缠的定义

若两个子系统构成的复合系统处于纯态 ψ，且 ψ 的对偶基展开中包含两项以上，则称 ψ 是一个纠缠态。

推广到混合态 $\hat{\rho}$：两个子系统 $\{A,B\}$ 构成的复合系统所处的混合态 $\hat{\rho}$ 是纠缠混合态的充要条件是，当且仅当它 (在任何基矢下 —— 正交或斜交基矢下) 不能展开成

$$\hat{\rho}(A,B) = \sum_i P_i |\psi_i(A,B)\rangle\langle\psi_i(A,B)| \tag{7-31}$$

其中，每个 $|\psi_i(A,B)\rangle$ 都是非纠缠的。

纯态纠缠例子：

$$|\psi\rangle = a|0^{(1)}\rangle|0^{(2)}\rangle + b|1^{(1)}\rangle|1^{(2)}\rangle \tag{7-32}$$

是纠缠态，当 $a=b=\pm 1/\sqrt{2}$ 时是最大纠缠态。具有最大纠缠的量子态是量子信息的最好的载体。

7.3 量子信息

3. 量子纠缠的度量 $E(\rho)$

1) 纠缠度量 $E(\rho)$ 的应具备的必要条件

(1) 对可分离的 ρ 纠缠度为零,即

$$\rho = \sum_i P_i \rho_i^A \otimes \rho_i^B \otimes \cdots \otimes E(\rho) = 0 \qquad (7\text{-}33)$$

(2) 对各个部分的局域的幺正演化 $\hat{U}_A, \hat{U}_B, \cdots$,纠缠度量 $E(\rho)$ 不变。

(3) 对由经典通信联系起来的相关的各部分的局域操作 (LOCC),$E(\rho)$ 不增加。

(4) 对不相关的复合系统 $\Psi^{AB} \otimes \Phi^{AB} \otimes \cdots$,纠缠度量 $E(\rho)$ 具有相加性,即

$$E(\Psi^{AB} \otimes \Phi^{AB} \otimes \cdots) = E(\Psi^{AB}) + E(\Phi^{AB}) + \cdots \qquad (7\text{-}34)$$

2) 两组分系统的纠缠度量 $E(\rho)$ 的性质

(1) 对于纯态,用约化密度矩阵的冯·诺伊曼熵 $S(\rho)$ 度量,即

$$E(\rho^{AB}) = S(\rho^{AB}) = S(\rho^A) = S(\rho^B) \qquad (7\text{-}35)$$

对贝尔态基,

$$E(\rho^{AB}) = 1 \qquad (7\text{-}36)$$

为了推广到混合态,Wooters 给出了另一种等价表示

(2) 对混合态:纠缠度量问题没有完全解决,有几种定义:

结构纠缠——$E_F(\rho^{AB})$;Wooters——纠缠 $E_W(\rho^{AB})$;蒸馏 (浓缩)(distillation) 纠缠——$E_D(\rho^{AB})$;相对纠缠——$E_{Re}(\rho^{AB})$。
且有

$$E_D \leqslant E_{Re} \leqslant E_F \qquad (7\text{-}37)$$

对于纯态,有

$$E_D = E_F = E = S(\rho) \qquad (7\text{-}38)$$

(3) 两组分纠缠态在 LOCC 操作下的变换,可用 Majorization 数学理论研究,它基于以下定理。

定理 纠缠态 ψ 可用 LOCC 操作变为纠缠态 φ 的充要条件是:φ 必须大于 (majorize)ψ,即

$$\lambda_\psi < \lambda_\varphi$$

其中,$\boldsymbol{\lambda}_x$ 是约化密度矩阵的本征矢量的排序矢量,即

$$\rho_B[x] = \text{Tr}_A \rho_{AB}[x] = \text{Tr}_A |x(AB)\rangle\langle x(AB)|, \quad x = \psi, \varphi \qquad (7\text{-}39)$$

4. 量子纠缠的蒸馏（浓缩）(distillation)

对于具有量子纠缠 ($E(\rho) \neq 0$) 的量子混合态 ρ，通过物理操作提取或浓缩量子纠缠。

5. 量子纠缠的稀释 (dilution)

对于具有量子纠缠 ($E(\rho) \neq 0$) 的量子混合态 ρ，通过物理操作稀释量子纠缠。

6. 作为物理资源的量子纠缠

量子纠缠是量子信息的储存、加工和传递的物理基础，因此是量子通信和量子计算的物理资源；具有最大纠缠的量子态是量子信息的最好的载体，是最好的物理资源。

7.3.2 量子编码

量子编码是在量子态和码字之间建立一一的对应关系。

7.3.3 量子信息

通过量子编码，可以把信息编码在量子态上。量子态上荷载的信息称为量子信息。

7.3.4 量子信息的特征

1. 量子不可克隆 (No-Cloning) 定理

一个未知的量子态不能被完全拷贝。

2. 量子隐形传态 (teleportation)

利用量子态的非定域性，通过一定的量子门操作，把一个未知的量子态从一处传到另一处。

现以一个量子位上记载的信息的传递为例。设要传递的未知量子态处于量子位 1，Alice 处于与量子位 1 临近的量子位 2，Bob 处于远离量子位 1 的量子位 3。量子位 1 上的未知量子态一般可写为

$$|\alpha\rangle = a|0\rangle + b|1\rangle \tag{7-40}$$

设 Alice 和 Bob 已通过某种物理手段建立起量子位 2 和 3 之间的量子纠缠，而且处于最大的量子纠缠态，则有

$$|\phi^+\rangle = \frac{1}{\sqrt{2}}(|00\rangle + |11\rangle) \tag{7-41}$$

作为三个量子位的多体系统的初态则为

$$|\Psi_0\rangle = |\alpha\rangle|\phi^+\rangle = \frac{1}{\sqrt{2}}(a|000\rangle + b|100\rangle + a|011\rangle + b|111\rangle) \quad (7\text{-}42)$$

首先，Alice 对 $|\Psi_0\rangle$ 的 1 和 2 量子位进行控制-非门操作 C_{NOT}，

$$C_{\text{NOT}}|00\rangle = |00\rangle, \cdots, C_{\text{NOT}}|01\rangle = |01\rangle \quad (7\text{-}43\text{a})$$

$$C_{\text{NOT}}|10\rangle = |10\rangle, \cdots, C_{\text{NOT}}|11\rangle = |10\rangle \quad (7\text{-}43\text{b})$$

得到

$$|\Psi_1\rangle = \frac{1}{\sqrt{2}}(a|000\rangle + b|110\rangle + a|011\rangle + b|101\rangle) \quad (7\text{-}44)$$

Alice 再对 $|\Psi_1\rangle$ 的第一量子位进行 H 门操作，

$$H|0\rangle = \frac{1}{\sqrt{2}}(|0\rangle + |1\rangle), H|1\rangle = \frac{1}{\sqrt{2}}(|0\rangle - |1\rangle) \quad (7\text{-}45)$$

得到

$$|\Psi_2\rangle = \frac{1}{2}\Big[|00\rangle(a|0\rangle + b|1\rangle) + |10\rangle(a|0\rangle - b|1\rangle) \\ + |01\rangle(a|0\rangle + b|1\rangle) + |11\rangle(a|0\rangle - b|1\rangle)\Big] \quad (7\text{-}46)$$

Alice 再对 $|\Psi_2\rangle$ 的 1 和 2 两个量子位进行测量，$|\Psi_2\rangle$ 就会坍缩到叠加态式 (7-46) 中的四个量子态之一，Alice 把测量所得的这个坍缩的量子态的 1 和 2 两个量子位上的量子态的信息，通过经典通信方式用经典信息的形式告诉 Bob，Bob 就知道如何对第三个量子位再进行一个相应的局域量子操作，就可以在此量子位上重现第一量子位上的 $|\alpha\rangle$ 量子态，实现未知量子态 $|\alpha\rangle$ 从 Alice 处到 Bob 处的远程传递。例如，如果坍缩到 1 和 2 两个量子位上的态是 $|00\rangle$ 或 $|01\rangle$，则第三个量子位上的态就正好是要传递的未知量子态式 (7-40)；如果坍缩到 1 和 2 两个量子位上的态是 $|10\rangle$ 或 $|11\rangle$，Bob 就知道要对第三个量子位进行一个相应的 H 门局域量子操作，才能在第三个量子位上复制要传递的未知量子态式 (7-40)。

7.4 量 子 通 信

7.4.1 量子位

1. 量子位

一个量子位或量子比特 (qubit)，从物理上看是一个双态量子系统，这个双量子态可表为 $|0\rangle$ 和 $|1\rangle$。

一个经典比特的信息量为：$|0\rangle$ 和 $|1\rangle$。

一个量子比特的信息量为：$|\Psi\rangle = a|0\rangle + b|1\rangle$, $|a|^2 + |b|^2 = 1$，这是二维希尔伯特空间的所有长度为 1 的无穷多个态矢；而经典位只是这个二维希尔伯特空间的长度为 1 的两个基矢 $|0\rangle$ 和 $|1\rangle$。

n 个量子位 (n-qubit) 是 2^n 维希尔伯特空间的所有长度为 1 的态矢的集合，是 2^n 个模平方之和归一化为一的所有复数的集合；而 n 个经典位只是这个 2^n 维希尔伯特空间中的 2^n 个长度为 1 的基矢。

单位量子位的几何表示：布洛赫球 (Bloch sphere)

一个量子位的状态 $|\Psi\rangle = a|0\rangle + b|1\rangle$, $|a|^2 + |b|^2 = 1$ 应当用三个欧拉角表示，即

$$|\Psi\rangle = e^{i\alpha} \left(e^{i\gamma} \cos\frac{\theta}{2}|0\rangle + e^{i(\gamma+\varphi)} \sin\frac{\theta}{2}|1\rangle \right) \qquad (7\text{-}47a)$$

考虑到一个量子位的总相位 α 不能观测后

$$|\Psi(\theta,\varphi)\rangle = \left(\cos\frac{\theta}{2}|0\rangle + e^{i\varphi} \sin\frac{\theta}{2}|1\rangle \right) \qquad (7\text{-}47b)$$

状态参数只剩下 (θ,φ)，故可用半径为 1 的布洛赫球上一点 (θ,φ) 表示 $|\Psi(\theta,\varphi)\rangle$。

对多量子位，每个量子位的相位 α 有相干效应，因此每个量子位应当用三个欧拉角表示。

为实现每个单量子位的操作 (单位量子门)，需考虑总相位 α。

2. 量子位的物理实现

量子位的物理实现有以下几种方式：二能级天然原子、用量子点构成的二能级人造原子、自旋为 1/2 的带磁矩的粒子、左旋和右旋圆偏振光子以及微腔光场等。

7.4.2 量子逻辑门

量子信息的处理是对编码的量子态进行的一系列幺正变换操作。对量子位的最基本的幺正变换操作称为量子逻辑门。按照操作涉及的量子位的数目，量子逻辑门分为一位门、二位门和三位门。

1. 一位门

对一个量子位的基本操作有 6 个。设基矢为二分量列矢

$$|0\rangle = \begin{pmatrix} 1 \\ 0 \end{pmatrix}, \quad |1\rangle = \begin{pmatrix} 0 \\ 1 \end{pmatrix} \qquad (7\text{-}48a)$$

则一位门基本操作和通用操作如下所示。

1) 恒等操作

$$I = \begin{bmatrix} 1 & 0 \\ 0 & 1 \end{bmatrix} = |0\rangle\langle 0| + |1\rangle\langle 1|$$

$$I|0\rangle = |0\rangle, \quad I|1\rangle = |1\rangle \tag{7-48b}$$

2) 相位门

$$P(\theta) = \begin{bmatrix} 1 & 0 \\ 0 & e^{i\theta} \end{bmatrix} = |0\rangle\langle 0| + e^{i\theta}|1\rangle\langle 1|$$

$$P(\theta)|0\rangle = |0\rangle, \quad P(\theta)|1\rangle = e^{i\theta}|1\rangle \tag{7-48c}$$

3) 非门

$$X = \sigma_x = \begin{bmatrix} 0 & 1 \\ 1 & 0 \end{bmatrix} = |0\rangle\langle 1| + |1\rangle\langle 0|$$

$$X|0\rangle = |1\rangle, \quad X|1\rangle = |0> \tag{7-48d}$$

4) Z 操作

$$X = \sigma_z = \begin{bmatrix} 1 & 0 \\ 0 & -1 \end{bmatrix} = |0\rangle\langle 0| - |1\rangle\langle 1|$$

$$Z|0\rangle = |0>, \quad Z|1\rangle = -|1\rangle \tag{7-48e}$$

5) Y 操作

$$Y = ZX = i\sigma_y = \begin{bmatrix} 0 & 1 \\ -1 & 0 \end{bmatrix} = |0\rangle\langle 1| - |1\rangle\langle 0|$$

$$Y|0\rangle = -|1\rangle, \quad Y|1\rangle = |0\rangle \tag{7-48f}$$

6) Hadamard(H) 门

$$H = \frac{1}{\sqrt{2}}(X + Z) = \frac{1}{\sqrt{2}} \begin{bmatrix} 1 & 1 \\ 1 & -1 \end{bmatrix}$$

$$= \frac{1}{\sqrt{2}}(|0\rangle\langle 0| - |1\rangle\langle 1| + |1\rangle\langle 0| + |0\rangle\langle 1|)$$

$$H|0\rangle = \frac{1}{\sqrt{2}}(|0\rangle + |1\rangle), \quad H|1\rangle = \frac{1}{\sqrt{2}}(|0\rangle - |1\rangle) \tag{7-48g}$$

7) 通用一位门

$$U(\alpha,\beta,\gamma,\delta) = e^{i\alpha} \begin{bmatrix} e^{-i(\beta+\delta)/2}\cos\dfrac{\gamma}{2} & -e^{-i(\beta-\delta)/2}\sin\dfrac{\gamma}{2} \\ e^{i(\beta-\delta)/2}\sin\dfrac{\gamma}{2} & e^{i(\beta+\delta)/2}\cos\dfrac{\gamma}{2} \end{bmatrix} \tag{7-48h}$$

由此得

$$\begin{aligned} I &= U(0,0,0,0), \quad X = U\left(-\dfrac{\pi}{2},\pi,\pi,0\right), \quad Y = U\left(\dfrac{\pi}{2},\pi,\pi,\pi\right) \\ Z &= U\left(\dfrac{\pi}{2},\pi,0,0\right), \quad H = U\left(\dfrac{\pi}{2},0,\dfrac{\pi}{2},\dfrac{\pi}{2}\right) \end{aligned} \tag{7-48i}$$

上述通用一位门可用海森伯 cluster 或核磁共振系统来实现。

2. 两位门

两位门是对两个量子位施行基本逻辑操作，包括两类。

1) 控制 U 门

$$C_U = |0\rangle\langle 0| \otimes I + |1\rangle\langle 1| \otimes U \tag{7-49}$$

第一位是控制位，第二位进行由第一位控制下的运算。若第一位是 $|0\rangle$，则对第二位进行恒等运算；若第一位是 $|1\rangle$，则对第二位进行 U 运算。

2) 控制非门 ($U=X$)：$U=$ NOT

$$C_{\text{NOT}} = |0\rangle\langle 0| \otimes I + |1\rangle\langle 1| \otimes X = \begin{bmatrix} 1 & 0 & 0 & 0 \\ 0 & 1 & 0 & 0 \\ 0 & 0 & 0 & 1 \\ 0 & 0 & 1 & 0 \end{bmatrix}$$

$$\begin{aligned} C_{\text{NOT}}|00\rangle &= |00\rangle, \quad C_{\text{NOT}}|01\rangle = |01\rangle \\ C_{\text{NOT}}|10\rangle &= |11\rangle, \quad C_{\text{NOT}}|11\rangle = |10\rangle \end{aligned} \tag{7-50}$$

3. 三位门

三位门对三个量子位施行基本逻辑操作。例如，对第三位进行的控制-控制 U 门运算表示：仅当第一，二是 $|11\rangle$ 时，才对第三位进行 U 运算，否则，进行恒等运算；若 $U=X$，则是三位控制-控制非门运算，这种三位门称为 Toffoli 门。

7.4.3 量子通信

量子通信是对编码在量子态上的信息进行远程传送。量子通信模型如图 7-1 所示。

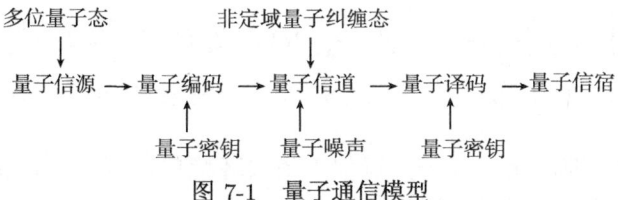

图 7-1 量子通信模型

图 7-1 中间一行表示量子通信的基本流程，上下两行表示实现上述流程的物理实体或影响上述流程的物理因素。

量子噪声引起量子退相干，从而破坏量子信息。

量子密钥是通过非正交量子态来实现的，从而使量子密钥不可能遭到破译而不被密钥持有者发现。

目前，已实现了上百公里的利用激光信息通道的量子通信。

7.5 量子噪声与量子运算 (操作)

7.5.1 密度矩阵量子态 ρ 的变化

对于量子混合系综，要用密度矩阵 ρ 表示量子态，量子态的变化有三类，介绍如下。

(1) 幺正动力学演化 $\hat{U}(t)$ 引起的 ρ 的变化，

$$\rho(t) = \hat{U}^+(t)\rho(0)\hat{U}(t) \tag{7-51}$$

(2) 量子测量 M_m 引起的 ρ 的变化，一般有

$$\rho_m = M_m \rho M_m^+ \tag{7-52}$$

对投影性测量有

$$E_m = |m\rangle\langle m| \tag{7-53}$$

$$\rho_m = E_m \rho = |m\rangle\langle m|\rho \tag{7-54}$$

原来的状态经测量被投射到子空间 $E_m = |m\rangle\langle m|$ 中。

(3) 量子耗散动力学演化。在环境量子噪声影响下，量子态的动力学演化是随机的和耗散的量子动力学过程，大系统包括环境 E 和主系统 S 的状态 $\rho(t, E, S)$ 服从幺正动力学演化规律，但其哈密顿量和时间演化算子应包含环境 E 和主系统 S 的自由度，即

$$\hat{H} = \hat{H}(E, S), \quad \hat{U}(t) = \hat{U}(t, E, S) \tag{7-55}$$

$$\begin{cases} i\hbar \dfrac{\partial \hat{\rho}(t,E,S)}{\partial t} = (\hat{H}\hat{\rho} - \hat{\rho}\hat{H}) = \hat{L}_H(E,S)\hat{\rho}(t,E,S) \\ \rho(t,E,S) = \hat{U}^+(t,E,S)\rho(0,E,S)\hat{U}(t,E,S) \end{cases} \quad (7\text{-}56)$$

用约化密度矩阵理论，在一定近似下消去环境自由度后，主系统 S 的约化密度矩阵 $\rho(t,S)$ 的演化服从量子主方程，即

$$\dot{\rho}(t,S) = \frac{1}{i\hbar}\text{Tr}_E \hat{L}_{ES}\rho(t,E,S) = \hat{\Gamma}(t,S)\rho(t,S), \quad \rho(t,S) = \text{Tr}_E \rho(t,E,S) \quad (7\text{-}57)$$

$$\rho(t,S) = T\exp\left(\int_0^t \hat{\Gamma}(\tau)\mathrm{d}\tau\right)\rho(0,S) \quad (7\text{-}58)$$

7.5.2 量子态变化的一般描述

1. 量子运算 (操作)

上述量子态 $\rho(0) \to \rho(t)$ 的时间演化，可以概括为一般的映射形式：对初态输入 ρ 和末态输出 ρ' 之间的变换，可用一般的量子态映射变换表示，即

$$\rho' = E(\rho) \quad (7\text{-}59)$$

其中，映射 E 称为量子运算 (量子操作)。对上述三种变化的量子运算 E 的形式为：

(1) 对幺正动力学演化，E 由幺正时间演化算子组成，即

$$\rho'(t) = E(\rho(0)) = \hat{U}^+(t)\rho(0)\hat{U}(t) \quad (7\text{-}60)$$

(2) 对量子测量，E 由测量算子 M_m 组成，即

$$\rho_m = E_m(\rho) = M_m \rho M_m^+ \quad (7\text{-}61)$$

对投影性测量，E 由投影算子 $P_m = |m\rangle\langle m|$ 组成，即

$$\rho_m = E_m(\rho) = P_m \rho = |m\rangle\langle m|\rho \quad (7\text{-}62)$$

(3) 对量子耗散动力学演化，E 由耗散算子 $\hat{\Gamma}(t)$ 组成，即

$$\rho(t,S) = E[t,\rho(0,S)] = T\exp\left(\int_0^t \hat{\Gamma}(\tau)\mathrm{d}\tau\right)\rho(0,S) \quad (7\text{-}63)$$

2. 量子运算 (操作) 的三种等价形式

(1) 系统 + 环境的开放量子动力学形式: 关键是求出总的时间演化算子并消去环境自由度。

$$E(\rho(S)) = \mathrm{Tr}_E[\hat{U}(E,S)(\rho(S) \otimes \rho(E))\hat{U}^+(E,S)] \tag{7-64}$$

(2) 算子求和表示: 关键是求出总的时间演化算子和环境本征态完全集。

设环境本征态为 $|e_k\rangle$, $\rho(E) = |e_0\rangle\langle e_0|$。

$$\begin{aligned} E(\rho(S)) &= \sum_k \langle e_k(E)|\hat{U}(E,S)(\rho(S) \otimes |e_0(E)\rangle\langle e_0(E)|)\hat{U}^+|e_k(E)\rangle \\ &= \sum_k E_k(S)\rho(S)E_k^+(S), \quad E_k(S) = \langle e_k(E)|\hat{U}(E,S)|e_0(E)\rangle \end{aligned} \tag{7-65}$$

式 (7-65) 是式 (7-64) 当环境处态为基态时, 按环境本征分解的结果。

(3) 公理化表示:

① $\mathrm{Tr}E(\rho)$ 是过程 E 出现的几率, 则有

$$0 \leqslant \mathrm{Tr}E(\rho) \leqslant 1 \tag{7-66}$$

② E 是凸线性映射 (convex-linear map)

$$E\sum_i p_i\rho_i = \sum_i p_i E(\rho_i) \tag{7-67}$$

③ E 是完全正定映射 (completely positive map)。

3. 评注

(1) 量子运算本质上是动力学演化产生的变换, 本节只讨论了它的数学描述和运动学方面的性质, 最重要的是如何从物理的动力学方面给出其具体表示。

(2) 幺正动力学变化和耗散动力学变化都是连续的, 这里的量子运算描述的是演化算子的长期渐进行为: 量子运算 = 演化算子 ($t = 0 \to \infty$) (很像 S 矩阵与 $U(-\infty, +\infty)$ 算子的关系)。

(3) 量子运算的物理内容与算子形式的确定: 对于量子测量引起的量子态的变化所对应的变换算子, 由测量的物理量的本征态所确定的、向其希尔伯特子空间 (可以是整体的或部分的) 的投影算子确定; 对幺正动力学和耗散动力学引起的量子态的变化所对应的变换算子, 由演化算子的渐进式确定。

4. 其他问题

1) 正定算符值测度 (positive operator valued measure, POVM)

(1) 量子测量假定：对量子态 $|\psi\rangle$ 的测量由一组测量算符 $\{M_m\}$ 描述，测量输出结果为 m 的概率为

$$p(m) = \langle\psi|M_m^+ M_m|\psi\rangle \tag{7-68}$$

测量后的状态为

$$M_m|\psi\rangle/\sqrt{p(m)} \tag{7-69}$$

测量算符 $\{M_m\}$ 满足完备性条件，即

$$\sum_m M_m^+ M_m = I \tag{7-70}$$

与概率守恒条件 (对任意 ψ)

$$\sum_m p(m) = \sum_m \langle\psi|M_m^+ M_m|\psi\rangle = 1 \tag{7-71}$$

测量算符 $\{M_m\}$ 是量子力学观测理论的推广。设

$$M_m = \frac{\langle m|\hat{O}}{\langle m|\hat{O}|m\rangle}, \quad M_m^+ = \frac{\hat{O}^+|m\rangle}{\langle m|\hat{O}^+|m\rangle} \tag{7-72}$$

若

$$\hat{O}|m\rangle = O_m|m\rangle, \quad \hat{O}^+ = \hat{O}, \quad \langle m|n\rangle = \delta_{mn}, \quad \sum_m |m\rangle\langle m| = I \tag{7-73}$$

则

$$M_m = \langle m|, \quad M^+ = |m\rangle$$
$$\sum_m M_m^+ M_m = \sum_m |m\rangle\langle m| = I \tag{7-74}$$

(2) POVM：定义 POVM 元素

$$E_m = M_m^+ M_m \tag{7-75}$$

显然，完备性条件

$$\sum_m E_m = I \tag{7-76}$$

和正定性条件

$$\langle\psi|E_m|\psi\rangle = p(m) \geqslant 0 \tag{7-77}$$

都满足。如果

$$\hat{O}|m\rangle = O_m|m\rangle, \quad \hat{O}^+ = \hat{O}, \quad \langle m|n\rangle = \delta_{mn}, \quad \sum_m |m\rangle\langle m| = I \quad (7\text{-}78)$$

则

$$E_m = M_m^+ M_m = |m\rangle\langle m| \quad (7\text{-}79)$$

是投影算子。

2) POVM 的特点

(1) POVM 只关心一次测量。E_m 可以是非归一，非正交的投影，例如，

$$\begin{aligned} E_1 &= \frac{\sqrt{2}}{1+\sqrt{2}}|1\rangle\langle 1| \\ E_2 &= \frac{\sqrt{2}}{1+\sqrt{2}} \frac{(|0\rangle - |1\rangle)(\langle 0| - \langle 1|)}{2} \\ E_3 &= I - E_1 - E_2 \end{aligned} \quad (7\text{-}80)$$

(2) POVM 是量子力学观测理论的推广。

(3) POVM 是从整体测量到局域测量。

(4) POVM 从正交归一投影测量推广到非正交非归一投影测量。

7.6 量子计算

7.6.1 量子计算与经典计算

1. 计算与物理

计算机是物理系统，计算过程是物理过程。

(1) 任何计算机都是物理系统。经典计算机是经典物理系统，量子计算机是量子力学系统；经典计算机信息的存储与加工是基于经典态，量子计算机信息的存储与加工是基于量子态。量子态不同于经典态的突出特点是：量子态的叠加性和相干性、多个量子位之间的纠缠以及量子态的概率性，这使得量子计算本质上不同于经典计算。

(2) 计算过程是计算机这一物理系统执行的一个物理过程。计算过程归结为：制备物理态 (输入初始数据)，演化物理态 (执行计算)，对最后的物理态实施测量 (输出计算结果)。经典计算是基于经典物理过程，量子计算是基于量子物理过程。

2. 量子计算概念的起源

(1) 1982 年，R.Feynman 指出经典计算机模拟量子过程的困难 (200 个量子位，需要记录 ($2^{200} - 1$) 个复数，经典计算机不可能完成)。他推测按量子力学规律运行的计算机将克服这一困难。这是最早的有关量子计算机的思想。

(2) 1985 年，D.Deutsch 论证了量子计算机的有效性，定义了量子图灵机，建立了量子计算机模型。

(3) 1985~1993 年，对量子计算和量子计算机原理的研究取得较大进展。

(4) 1994 年，P.Shor 发现了第一个有重要应用前景的量子算法——大数质因子分解算法；1996 年，L.K.Grover 发现未整理数据库搜索的迭代算法，解决了经典计算中的困难问题，掀起了量子计算机研究热潮。

3. 算法的复杂性

量子计算机的优点在于能解决一些经典计算中难以解决的复杂性问题。

算法：求解一类问题的指令系列的集合称为算法，如算数和代数运算法则 (加，减，乘，除，乘方，开方等)。

算法复杂性：是衡量算法难易程度的尺度。设问题的输入信息量为 n(如 n-bits)，解决这一问题所需时间为 $T(n)$，若 $T(n)$ 是 n 的多项式，则此算法为多项式算法 (有效算法)；若 $T(n)$ 是 n 的指数函数，则此算法为指数算法 (无效算法)。

4. P 和 NP 类问题

许多计算问题可化为"是"与"非"的判定问题。

P 问题：该问题的判定问题可用多项式算法求解。

NP 问题：该问题的判定问题尚未找到多项式算法求解。

NP 问题例子：

(1) 推销员问题：通过 N 个城市的最小路径问题；

(2) 大数质因子分解问题；

(3) 哈密顿环路问题：连接 N 个城市的一条环路，每个城市只经过一次；

(4) 地图四色问题：证明制作地图至少需要 4 种不同的颜色才能把不同的国家或地区分开。

5. 量子计算的优越性

量子计算在下述方面超过经典计算。

(1) 指数加速：Shor 算法把大数质因子分解的 NP 问题化为 P 问题。

(2) 非指数加速：Grover 算法把数据库搜索 N 步问题化为 $\sqrt{N}$ 步问题。

(3) "量子黑盒子"指数加速：量子黑盒子是完成某种计算任务的一系列幺正变换，具有把指数算法变为多项式算法的能力。

7.6.2 几种量子算法

(1) 量子黑盒子加速算法：把 n 位 Deutsch-Jozsa 黑盒子功能函数的判定从 $2^{n-1}+1$ 次运算变为一次运算。

(2) Grover 算法：把未整理数据库搜索从 N 步问题化为 $\sqrt{N}$ 步问题。

(3) Shor 算法：把大数质因子分解的指数复杂性的 NP 问题化为多项式复杂性的 P 问题。

7.6.3 量子纠错

量子信息的存储、加工和传输都依赖于量子位的叠加和量子位之间的相干与纠缠。无论量子通信还是量子计算，都必须通过物理的量子系统来实现。任何量子系统都会受到环境干扰，破坏量子位之间的叠加、相干和纠缠，在量子信息的存储、加工和传输中产生错误。必须发展量子纠错方法和技术，才能保证量子信息的准确性。

在经典纠错的基础上，已经发展出量子纠错的方案。

为了减少量子出错的概率，应当提高量子信息的存储、加工和传输的稳定性和抗干扰性，尽量减小环境的退相干效应。

7.7 量子计算的物理实现 —— 量子计算机

把数量信息编码在量子态上，利用量子动力学演化和量子态叠加、相干与纠缠等物理特性进行数量信息的加工处理，从而实现大规模的平行运算，这是量子计算机的特点。

7.7.1 量子计算机模型

1. 量子计算机的模型

目前已提出三种计算机的模型，即量子图灵机模型、量子门组网络模型和量子细胞自动机模型。

1993 年，Yao 证明：量子图灵机可用多项式大小的量子门组网络或量子门组网络多项式大小的时间花费来模拟。这表明，量子图灵可用量子门组网络来实现。

量子门组网络模型是经典计算机门组网络模型的量子推广，成为目前研究的重点。

2. 经典计算机逻辑门组网络结构与计算机结构

任何合理的计算都是逻辑推理,可以用布尔代数表达式来表示;而任何布尔代数表达式都可以用简单的"通用逻辑门组"(AND 门,OR 门,NOT 门)构成的适当的电路、或由触发器和门电路组成的具有记忆功能的时序逻辑电路来实现。

(1) 经典计算机运算器的组成是:通用逻辑门组 + 两个非标准操作 + 存储器。①"通用逻辑门组"可由下述方式之一构成:AND 门 +NOT 门;OR 门 +NOT 门;控制 - 非门 (C-NOT)+AND 门。②两个非标准操作:拷贝操作,复制一个输入位到两个输出位;清除操作,清除输入位的信息,使其回到初始标准态。

(2) 控制器:控制运算器的运行,由时序电路和逻辑电路组成。

(3) 中央处理器 (CPU) 组成是:控制器 + 运算器。

(4) 经典计算机的组成是:输入设备 + 存储器 + 中央处理器 (CPU)+ 输出设备。几个经典逻辑门的真值如表 7-2 所示。

表 7-2 几个经典逻辑门的真值表

x	y	AND	OR	NOT(y)	C-NOT
0	0	0	0	1	0
0	1	0	1	0	1
1	0	0	1	1	1
1	1	1	1	0	0

量子计算机不同于经典计算机的特点:

(1) 用多位量子态编码和存储信息。

(2) 用量子力学的幺正的时间演化算子进行信息加工和传输,运算过程是可逆的。

(3) 多位量子态的叠加性、相干和纠缠使量子计算成为大规模的平行运算。

(4) 量子位波函数的概率性使量子计算的结果具有或然性。

3. 经典可逆计算和经典通用逻辑门

(1) 经典 AND 门和 NOT 门是两位输入对应一位输出的运算,因而是不可逆。它带来两个问题:① 造成执行这两个门操作的物理系统能量的耗散,按照朗道尔定理 (60 年代),信息的擦除必然伴随发热耗散;②不便于推广到量子情况。

(2) 为了克服上述困难,70 年代 Bennett 等证明:差不多所有的经典计算操作都可以以可逆的方式进行,而且可以做到在物理上也是可逆的,不伴随信息的擦除和能量的耗散。

(3) 为了进行可逆计算,必须把通用逻辑门变成可逆的。Toffoli 证明了三位可逆通用逻辑门的存在 (Toffoli 门)。Bennett 证明,上述通用门可以做到物理上可逆

(可消除发热垃圾)。

4. 通用量子逻辑门

(1) 一位转动门：

$$U(\alpha,\beta,\gamma,\delta) = e^{i\alpha} \begin{bmatrix} e^{-i(\beta+\delta)/2}\cos\dfrac{\gamma}{2}, & -e^{-i(\beta-\delta)/2}\sin\dfrac{\gamma}{2} \\ e^{i(\beta-\delta)/2}\sin\dfrac{\gamma}{2}, & e^{i(\beta+\delta)/2}\cos\dfrac{\gamma}{2} \end{bmatrix}$$

选择下述参数，可以得特殊的逻辑门

$$I = U(0,0,0,0), \quad X = U\left(-\frac{\pi}{2},\pi,\pi,0\right), \quad Y = U\left(\frac{\pi}{2},\pi,\pi,\pi\right),$$
$$Z = U\left(\frac{\pi}{2},\pi,0,0\right), \quad H = U\left(\frac{\pi}{2},0,\frac{\pi}{2},\frac{\pi}{2}\right)$$

(2) 量子通用逻辑门——Deutsch 门是 3 位 Toffoli 门的量子推广，仅当前两位是 $|1\rangle$ 时，才对第三位加一。

Deutsch 证明，n 个量子位的希尔伯特空间的所有幺正变换，其计算网络都可以由这个门重复使用构造出来。

Barenco 等证明，量子通用逻辑门可由经典 C-NOT 门和一位量子门构成。

5. 量子计算机逻辑门网络模型

一个算法既可以通过程序实现，也可以通过线路网络实现。因此，量子计算可以按两种方式进行。

(1) 通过程序实现计算。把信息编码在 n 个量子位构成的 2^n 维希尔伯特空间的量子态上，用算法程序控制的幺正变换去演化这一量子态以实现量子计算，得到演化后的量子态，它荷载着计算结果的信息。在这种运行模式中，量子位是静止的，幺正演化算法是运动的。

(2) 通过线路网络实现计算。把信息编码在 n 个量子位构成的 2^n 维希尔伯特空间的量子态上，让这些量子位飞行通过按算法设计的线路网络，从而实现量子计算。在这种运行模式中，量子位是运动的，算法网络是静止的。这种运行模式就是量子计算机逻辑门网罗模型。

量子计算机的逻辑门网罗是量子计算机的量子中央处理器 (量子 CPU)，还需要输入和输出设备，才能构成量子计算机。因此，量子计算机的结构如下

$$量子计算机 = 量子输入设备 + 量子\,CPU + 量子输出设备$$

量子计算机的输入设备是，在存储器中制备荷载初始信息的初始量子态。

量子计算机的输出设备由测量仪器组成，通过对计算末态的量子态的测量给出计算结果的信息。

7.7.2 量子计算机的物理实现

1. 离子阱方案

1995 年，由 J.I.Cirac 和 P.Zoller 提出离子阱方案。该方案把 n 个二能级原子 (离子) 放在离子阱中，沿阱轴排列，对离子的操作由很细的激光束来实现，控制激光频率和脉冲持续时间，可实现单个量子位的转动。联合几个量子位的操作，可实现量子门的操作，如控制-非门操作；再和一位门操作联合，可实现离子阱计算机的一套通用门。

这一方案的关键是冷却离子阱到 μK ~ nK，并使用高真空隔离原子技术。

2. 腔场量子电动力学方案

1995 年，由 A.Barenco 和 T.Sleator 提出这一方案。该方案把 n 个二能级原子 (离子) 放在微腔中，用微腔中的辐射场与原子相互作用来控制原子，实现量子通用门操作。

3. 量子点方案

该方案在半导体中嵌入若干量子点，放入带自旋粒子，通过磁偶极作用实现量子逻辑门操作；或把电子放入这些量子点，通过库仑相互作用实现量子逻辑门操作。

4. 核磁共振方案

该方案把晶格上的自旋为 1/2 的原子核的磁矩作为量子位，用核磁共振方法控制磁子的量子态，实现量子逻辑门操作。

7.7.3 量子计算机的困难

实现量子计算机的两个主要困难是：

(1) 克服环境造成的退相干，这是 Key obstacle(David Gross)。可从几方面入手解决这一问题。①采用低温冷却技术和高真空隔离技术减小环境的影响，制成安静的计算机 (quiet computer)；②建造抗干扰量子位和逻辑门，如用几何相位建造量子逻辑门，建造团簇或集体态量子位，制成聋计算机 (deaf computer)；③当环境造成量子位和量子计算出错时，发展有效的量子纠错方案，制成具有容错、纠错功能的计算机。

(2) 量子位的集成。把量子位、量子逻辑门和量子 CPU 等量子计算机元件集成起来，使其小型化。集成到 10 000 个以上量子比特的量子计算机才有实际用途。

7.7.4 对量子通信和量子计算机的展望

(1) 量子通信已经实现，今后的任务是做到长距离、大容量、高效率、低成本和普及。

(2) 量子密码和任何经典密码的破译，在不远的将来可望实现。

(3) 量子计算机的实现需要时日。

7.8 量子信息和量子通信提出的量子论的基本问题

量子信息科学的研究不仅会促进介观物理和量子器件的发展，而且必将促进量子论本身向深层次发展。事实上，量子通信已经提出一些需要深入研究的、量子论的极为重要的基本问题，它们包括：

(1) 量子涨落、量子态和量子纠缠的宏观非定域性问题。量子涨落、量子态和量子纠缠的非定域性究竟是发生在量子态波长和频率所能覆盖的微观和介观尺度，还是发生在与量子波波长和频率尺度无关的任意宏观尺度？

(2) 量子操作和量子测量问题。这是与量子逻辑门操作相联系的量子演化和量子测量的物理机制和规律是什么的问题。量子逻辑门操作及其时空间隔必须发生在量子涨落波起作用的微观或介观尺度，还是可以发生在任意尺度（包括宏观尺度）？量子测量是完全受量子力学规律控制的吗？多步量子逻辑门的微观操作可以和如何在量子力学的意义上在时空中联结起来？联结它们的时空间隔可以是宏观的吗？如果必须是微观的，如何在微观尺度上实现对调控外场的人工控制？

(3) 量子通信的时空尺度问题。量子通信基于量子纠缠在时空中的非定域性，而量子纠缠的非定域性原则上源于量子涨落波在时空尺度上的非定域性。如果量子纠缠的非定域性可以发生在宏观时空尺度，这就意味着产生这种量子纠缠宏观非定域性的量子涨落的非定域性也是宏观的，即由宏观时空尺度隔开的两个时空区域中的量子涨落波必须是关联的。如果宏观时空尺度的量子涨落波不能建立起关联，因而也不能建立起宏观量子纠缠，则在宏观时空尺度上的量子通信，很可能是基于微观多粒子系统因宏观分离造成对称性破缺所引起的量子塌缩或量子态转变中多粒子微观状态之间的同步，而这种同步是由真空背景中的各种基本守恒定律控制和维持的。

可参考本书第二篇第 14 章。

参 考 文 献

[1] 张礼. 近代物理学进展. 北京：清华大学出版社, 1997

[2] 张礼, 葛墨林. 量子力学的前沿问题. 北京：清华大学出版社, 2000

[3] 曾谨言. 量子力学前沿问题 (第一辑). 北京：科学出版社, 2000

[4] 李承祖, 黄明球, 陈平行, 等. 量子通信与量子计算. 长沙：国防科技大学出版社, 2000

[5] 戴葵, 宋辉, 刘芸, 等. 量子信息技术引论. 长沙：国防科技大学出版社, 2001

[6] Nielsen M A, Chuang I L. Quatum Computation and Quantum Information. Cambridge University Press, 2000

[7] 张永德. 量子信息物理原理. 北京：科学出版社, 2006

[8] 王顺金. 量子多体理论与运动模式动力学. 北京：科学出版社, 2013

[9] 王顺金. 守恒定律约束的真空量子涨落与量子纠缠和量子同步. 本书第二篇第 14 章

第 8 章 生物物理学

8.1 生物物理学的产生与发展

生物物理学是生物学与物理学交叉产生的新兴学科。物理学的理论和实验方法与技术运用于生物学研究，使生物学研究深入到分子、原子层次，生物学正在逐步变成为定量的、精密的科学。

8.1.1 生物物理学

生物物理学是研究生命物质的物理性质、生命过程的物理和物理化学规律以及物理因素对生物系统的作用的科学，是物理学与生物学相结合而产生的交叉学科。

8.1.2 生物物理学的产生与发展

1. 早期的生物物理学

从 17 世纪开始，人们就开展了生物物理现象的研究，直到 20 世纪 40 年代薛定谔在都柏林大学关于"生命是什么"的讲演以前，可以算是生物物理学的早期发展，这一期间的生物物理学发展中的重要事件有：17 世纪，Kircher 研究生物发光现象，Borrelli 研究血液循环和鸟的飞行；18 世纪，Galvani 研究青蛙生物电；19 世纪，Mayer 研究生理过程能量守恒。

2. 生物物理学的诞生

20 世纪 40 年代，薛定谔关于"生命是什么"的讲演被认为是现代生物物理学的开端。他指出，生物体是非平衡开放系，负熵导致生命有序，遗传物质的分子基础是非周期性大分子，生命现象与量子论是协调的。

20 世纪 50 年代，物理学实验和理论的发展为生物物理学的诞生提供了实验技术和理论方法。用 X 射线晶体衍射技术对核酸和蛋白质空间结构的研究，开创了分子生物学的新纪元，把生物学推进到分子水平，为生物物理学的诞生创造了生物学条件。此外，信息论、控制论、计算机科学技术、非线性和复杂性科学的发展，为生物物理学的发展提供了数学工具和信息论基础。

3. 生物物理学的发展

20 世纪 50 年代以来，生物物理学迅猛发展，已成为一个内容丰富的新兴学科。生物物理学的世界性学会的发展如下：

1956 年，美国成立生物物理学会。

1961 年，国际纯粹与应用生物物理学联合会 (IUPAB) 成立，其成员包括 40 多个国家和地区的生物物理学会，每 3 年召开一次大会。

中国 1958 年成立中国科学院生物物理学研究所，1982 年加入 IUPAB。

8.1.3 生物物理学的主要研究内容

生物物理学主要研究以下内容：分子生物物理学，膜与细胞生物物理学，感官与神经生物物理学，生物控制论与生物信息论，理论生物物理学，光生物物理学，自由基与环境辐射的生物物理学，生物力学与生物流变学，生物物理学技术等。

8.1.4 生物物理学发展的主要特征

(1) 分子生物物理学是整个生物物理学的基础，也是当前研究的重点，占主导地位 (占 1/3)。

(2) 膜与细胞生物物理学是把分子生物物理学原理与方法运用于生物活体系统的第一个目标，即用分子的语言描述膜与细胞的结构与功能 (占 1/3)。

(3) 开展动态的、活体的检测与研究，发展相关检测技术。

(4) 向更高的复杂层次的研究，如视觉、脑和神经活动的研究。

(5) 开展生物信息学和理论生物学研究，从分子和基因层次上解释生命现象，用系统论的观点理解生命与环境的关系。

8.1.5 必要的知识

1. 生命的化学元素

(1) 六种主要元素：^{1}H、^{6}C、^{7}N、^{8}O、^{15}P、^{16}S，其分布如下。

碳水化合物，类脂化合物：H，C，O；

蛋白质：H，C，O，N，S；

核酸：H，C，O，N，P(P 用于传输能量)。

(2) 四种少量元素：^{20}Ca、^{19}K、^{11}Na、^{12}Mg(0.1%~2%)，用于肌肉内的调节以及神经冲动。

(3) 六种微量离子 ($< 0.01\%$)：Fe、Cu、Zn、Co、Mn、Mo，它们是酶的激活剂以及络合物的成分。

2. 支配生物过程的相互作用

支配生物过程的相互作用是电磁相互作用,特别是静电库仑力起主要作用。

3. 两种重要的生物大分子

(1) 蛋白质:地球上 150 万种生物有 $10^{10} \sim 10^{12}$ 种蛋白质;蛋白质的相对分子量为 $10^4 \sim 10^7$;蛋白质是细胞的主要成分(占 20%湿量);蛋白质有五种功能,即酶、抗体、结构成分、运输工具和代谢调节者等功能。蛋白质由 20 种氨基酸组成,氨基酸相对分子质量约为 100,氨基酸的分子结构为

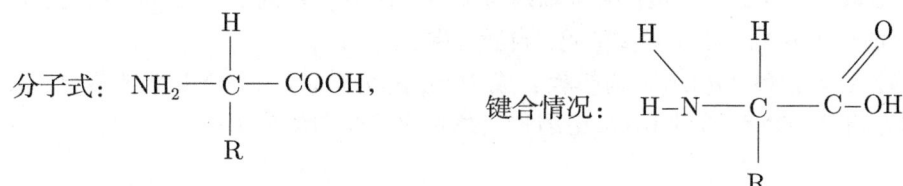

肽链:两个氨基酸分子相连,脱去一个水分子 (H_2O) 形成肽链。

蛋白质与多肽:分子量大于 100(1000) 的肽链称为蛋白质,小的称为多肽。

氨基酸分子按螺旋性分为以下两种。

① L 氨基酸或左旋氨基酸。L 氨基酸分子结构为

$$H_3N \longrightarrow \underset{\underset{R}{|}}{C^\alpha} \longrightarrow H \quad \overset{COO^-}{\underset{}{|}}$$

② D 氨基酸或右旋氨基酸。D 氨基酸分子结构为

$$H \longrightarrow \underset{\underset{R}{|}}{C^\alpha} \longrightarrow NH_3 \quad \overset{COO^-}{\underset{}{|}}$$

所有蛋白质的氨基酸都是左旋的。

(2) 核酸:核酸有两种,即脱氧核糖核酸(胸腺核酸 DNA)和核糖核酸(酵母核酸 RNA)。两种核酸的差别是:前者五碳核糖环(五角环结构)的第二位少一个氧,分子量为 6×10^6。核酸由几百到几千个核苷酸组成。

核苷酸的结构：其分子量约为 1000，包含一个五碳糖、一个碱基和一个磷酸根，通过磷酸二酯键连接成核酸。

碱基有四种：

对 DNA 为 A(腺嘌呤)、G(鸟嘌呤)、C(胞嘧啶)、T(胸腺嘧啶)；

对 RNA 为 A、G、C、U(尿嘧啶)。

核酸的结构与功能：①RNA 是单链，其三种功能是作为 DNA 副本的 mRNA，作为 mRNA 和特定氨基酸间接合作体的 tRNA 和作为生产氨基酸的工厂的 rRNA。②DNA 是双链螺旋结构 (Watson and Crick 1953 年发现并因此获得诺贝尔生物学奖)，由碱基氢键配对连接；配对规则为 G—C 间三个氢键、A—T 间两个氢键。

DNA 的功能：储存遗传密码，自我复制。

转录与翻译：以 DNA 为模板合成 RNA 称为转录，以 RNA 为模板合成蛋白质称为翻译。DNA 通过 RNA 把遗传信息传递给蛋白质分子。

8.2 生物物理学的主要研究内容

8.2.1 分子生物物理学

分子生物物理学运用物理学理论方法和实验技术研究生物大分子、小分子和分子聚集体的结构、相互作用和动力学以及生物分子的生物学性质在生物功能过程中的变化，从分子层次上用物理学规律阐明生命的基本过程。

分子生物物理学的核心问题是生物分子的时空结构与功能的关系。

1. 生物分子结构研究经历了三个阶段

(1) 生物大分子晶体结构的分析研究：手段是 X 射线衍射分析。截至 1993 年 6 月，已存入国际数据库的生物大分子结构数据有 1101 个，其中蛋白质量检查 982 个、核酸 109 个、多糖 10 个。

(2) 生物大分子溶液构象的研究：研究对象接近活体真实状态，手段是光谱、波谱、核磁共振等。已测得 20 种蛋白质和 20 种多肽的构象，但对分子量大于 1.5 万的生物大分子构象的测量仍有困难。

(3) 动态结构的分子动力学研究：用时间分辨技术和分子动力学理论研究分子的动态结构与功能的关系。

2. 分子生物物理学的研究重点

分子生物物理学重点研究分子识别与蛋白质折叠。

(1) 分子识别的研究。生物分子的识别具有普遍的意义：DNA 的复制与转录、蛋白质的转译、酶与底物的作用以及激素与受体、抗原与抗体的作用，都基于生物分子的识别,即分子之间的特异相互作用或相互作用的专一性。识别机制仍未弄清。

(2) 蛋白质折叠的研究。蛋白质如何由多肽链折叠成具有一定空间结构的信息,是尚未解决的基本问题,包括蛋白质折叠的热力学和动力学控制、辨识折叠过程中出现的中间体以了解折叠全过程、促进或催化折叠的物质 (称为分子伴侣) 的研究以及折叠的启动等。需要在生物活体内进行折叠过程的研究。

8.2.2 膜与细胞生物物理学

细胞是生命的基本单元。目前,对细胞结构与功能的研究多集中于细胞内的各种膜 (细胞质膜、内质网膜、线粒体膜、核膜等,统称为生物膜) 的研究,包括繁殖、分化、对刺激的反应等过程中生物膜的宏观研究和分子水平的微观研究,但以微观研究为主。

1. 膜的分子动力学和膜的物理性质之间的关系的研究

膜脂具有旋转、侧向扩散、翻转以及链内链外的多种运动;膜蛋白只有旋转和扩散运动。膜运动的时间尺度很大,在 $10^{-15} \sim 10^3$ s 范围内。

重要结论有:

(1) 膜具有动态结构,许多因素会影响这种结构;
(2) 动态结构导致一定的物理性质,如流动性;
(3) 细胞在一定范围内 (温度,pH 等) 具有自我调节流动性的能力;
(4) 流动性异常与多种疾病有关。

2. 膜脂结构的多型性的生物学意义的研究

一般膜脂在水化后形成双层,成为细胞内外的屏障。有些膜脂水化后形成六角形、立方体形等多种非双层结构,说明除屏障功能外,膜脂还有其他生物学功能。

膜脂分子链长的不对称性可以形成交叉双层结构,改变膜的厚度、疏水性和表面物理性质,从而影响膜蛋白的生理功能。

3. 膜脂与膜蛋白相互作用的研究

蛋白质发生跨膜定向运动与输运时,膜脂可能由双层结构 (内层亲水,外层疏水) 变为非双层结构;而蛋白质有个折叠、解折叠过程。可用人工膜模拟研究这一现象。

4. 膜的物质传输通道的研究

生物膜离子通道有选择性,使细胞维持一定的电位,诱发可兴奋细胞产生动作电位。在非兴奋细胞中调节激素的分泌过程,控制生殖细胞的受精过程,控制免疫细胞的运动与吞噬等。传输通道研究包括：

(1) 通道蛋白质空间结构的研究；

(2) 通道功能性结构的分子模型和启闭原理研究；

(3) 通道活化的分子机制：配位体门控和电压门控的研究。

5. 膜的信息传递 —— 受体的研究

配体与膜上受体特异作用 (识别) 后，把信息传到膜内，引起细胞内一系列反应，使细胞发生变化。配体是代谢物，包括激素、抗体、离子、光子、药物、毒素等。受体研究包括：

(1) 配体与膜上受体特异作用 (识别) 研究；

(2) 膜内信息的传导 ——G 蛋白 (受体与酶偶联的功能蛋白，起调节作用) 作用机制研究；

(3) 信号传输的研究。

在受体、G 蛋白和效应器 —— 酶这三要素中，在分子水平了解效应器最少。

6. 膜的能量转换机制的研究

生物体与环境的能量交换在膜上进行，有两套与能量代谢有关的酶系统，即 ATP 酶和电子传递链。ATP 酶催化 ATP 的合成是需能反应；电子传递链有两类，即线粒体和呼吸细胞中的呼吸链、光合细胞中的光合链 (有序排列的电子传递体，释放能量供 ATP 合成需要)。研究包括：

(1) 电子传递链的结构与功能；

(2) ATP 酶的结构与功能；

(3) 电子传递链与 ATP 酶功能的关联。

7. 细胞生物物理学研究

细胞生物物理学研究包括细胞的整体功能，细胞内浆体的运动，细胞的淌动，细胞间的黏着、连接、相互影响，细胞内蛋白质的输运与筛选以及外力场对细胞的影响等。

8.2.3 感官与神经生物物理学

感官与神经生物物理学研究包括：

(1) 人和动物是如何感知周围世界的；

(2) 脑如何储存、加工、利用信息；

(3) 脑如何计划并采取对外界的行动；

(4) 人怎样学习过去的经验并改变自己的行动；

(5) 人如何专心一种感觉而排除其他感觉；

(6) 人如何思维、判断和决策。

上述研究在神经生物物理学、神经医学和计算机科学中都有重要意义。这一研究领域的重要问题包括以下几个方面。

(1) 离子通道的研究。电信号通过离子在神经细胞内外的运动来实现，离子通道控制电信号的传递。离子通道有电压门通道、化学门通道和受体通道。

(2) 感受器生物物理。感受器的功能是，把从环境接受的(能量)信息变换、编码成神经系统可以传输、加工的电信号。感受器有视觉感受器、听觉感受器、嗅觉感受器、触觉感受器等。

(3) 神经递质及受体。神经递质是神经活动的物质，神经受体是上述物质的接受体。

(4) 神经通路和神经回路。神经通路和神经回路是神经元之间的相互关系。目前的研究包括视觉通路与回路、听觉通路、嗅觉通路、学习记忆的神经和分子基础，神经通路和神经回路等问题。

(5) 行为神经学。研究行为的释放与调控机制。

8.2.4 生物控制论与生物信息论

这一领域的奠基者和大师有 Wiener、McCulloch、Pitts、Rosenblatt、Esby、Harmon、Hopfield、Prigogine、Haken 等。

这一领域的研究包括以下三方面。

(1) 生物功能系统的辨识与建模研究。根据生物调节系统的结构与功能，简化并建立模型，对生物系统的活动进行预测，如药物代谢动力学、示踪动力学、呼吸动力学、血液循环动力学等。

(2) 神经网络的研究。前沿课题有：①人工神经网络和生物神经网络的联合研究；②生理功能系统、代谢调节系统和运动控制系统的建模；③免疫调节系统的研究；④基因调节系统的研究。

(3) 生物信息论将在 8.4 节中介绍。

8.2.5 理论生物物理学

理论生物物理学是用理论物理和数理方法研究生命现象，包括量子生物学、分子动力学和生物信息学等微观研究，也包括进化、遗传、生命起源、脑的功能活动以及生物系统的复杂性等宏观研究。

在理论生物物理学的发展历史上，重要进展有：20 世纪 20 年代，Volterra 创立了种群生态学；30 年代，Fisher 创立了群体遗传学；40 年代，Shroedinger 阐明了生命的本质，Bertalanfy 创立了生命系统论；60~70 年代，Prigogine 创立了耗散结构理论；70~80 年代，Haken 创立了生命协同学。

下面介绍理论生物物理学的几个重要研究方向。

1. 生命起源与生物分子手征性

针对生物分子为什么会具有一定的手征性，研究这种手征性的起源以及生物分子自我复制的起源；针对无机物变有机物，研究有机物如何产生蛋白质并进一步产生生命；针对生命系统的主要分子或大多数生物物质分子(如 DNA)都是单一手征的，也即生物分子手征性发生了破缺，研究生物分子手征性破缺与物理学和宇宙学中对称性破缺有什么联系。

2. 进化和遗传的物理基础

要研究的内容包括：

(1) 生命系统不同于物理自组织系统有两点，即对环境的适应性和自我复制能力。

(2) 自适应和自复制是进化和遗传的基础。通过自适应，环境的信息进入生物系统；通过自复制，在短时间尺度上表现为对信息的记忆，在长时间尺度上表现为遗传。

(3) 在环境变化的背景中，通过自适应和自复制过程而实现的遗传，加之环境的严酷选择，就导致进化。

(4) 自我复制的机制之一。系统内的信息不断从空间形式的信息转换为时间序列的信息，再由时间序列的信息转换成空间形式的信息。由于时间的单向不对称性和空间的对称性，时空信息在转换过程中必然存在不对称环节，这个环节很可能是不对称的光学活性分子。

(5) 遗传的物理机制的研究重点是时空信息转换的瞬态过程的稳定性。

(6) 进化的物理机制的研究要点是进化瞬态过程的稳定和失稳之间的转换：没有稳定就没有遗传，没有失稳就没有变化；进化是变化与遗传的对立统一，是变化中的遗传和遗传中的变化。

3. 研究人脑在有意识时的功能活动

人脑具有作为生理器官的输入、输出功能，即作为信息处理器的输入、输出功能。神经网络中电信号巡回运转，引起生物化学物质分布的变化，再进一步引起神经网络结构的变化。

4. 生态环境的稳定与变化的规律

研究生态系统的物理规律：最小生物圈有多大？地球生物圈有多大的承受能力？

5. 量子生物学和生物分子动力学

(1) 在理论研究方面，量子力学无法处理生物大分子，只能对小的生物分子或大分子片断进行计算。因此，需要用经典力学作为补充，以扩大计算对象。生物分子的动力学计算，要考虑生物分子间的非线性耦合，这更是严峻的挑战。

(2) 在实验研究方面，X 射线衍射和核磁共振结合是很好的实验手段。

6. 生物系统的层次性和复杂性研究

该项研究包括生物系统的有序性、层次性、复杂性、混沌及其相互关系。具体研究包括以下几个方面。

(1) 瞬态过程中的层次性和复杂性：研究不同时空尺度的过程。

(2) 时空结构的层次性和复杂性：研究不同时空尺度的结构。

(3) 结构和功能的层次性和复杂性：研究不同时空尺度上结构和功能的关系。

(4) 结构和过程的层次性和复杂性：研究不同时空尺度上的结构和过程的关联。

(5) 非线性动力系统的层次性和复杂性：在不同时空尺度上研究非线性动力学过程。

(6) 信息的层次性和复杂性：在不同时空尺度上研究生物信息。

8.2.6 光生物物理学

光生物物理学研究生物学中的光物理和原初光化学过程，其研究重点是光能转换过程。光能转换的物质基础是吸收光的感受体——生色团或色素蛋白质复合物。光能转换的场所多在膜上。光对有机体作用时间尺度如下：光吸收时间为 10^{-15}s；振动弛豫时间为 10^{-12}s；最低单线激发态及荧光产生时间为 10^{-10}s；三重态时间为 $10^{-2} \sim 1$s。

光对有机体作用包括紫外线和可见光的作用、光能转换、光的触发作用和生物发光与化学发光。

光生物物理学研究下列问题。

(1) 光合作用。其研究的中心问题是：①天线色素的结构 (有三种已获得结晶)；②能量从外周天线色素向反应中心转移，所需时间 $\leqslant 50 \sim 100$ps；③在反应中心研究光能转换成化学能；④用分子器件研究光合作用中的光致电荷分离，分离电荷反应中产生的电场与产物，要求单向电荷传递。

(2) 视觉。研究视紫质感光后如何通过光化反应形成有生理活性的信号。

(3) 嗜盐菌 (包含生色团蛋白质复合物——菌紫质) 的光能转换 (这是新型的光合作用)。

(4) 植物光形态建成。光对植物生长、发育的调节作用，不同于光合作用，是触发作用，称为光形态建成。控制物质是光敏色素，有 Pr 和 Pfr 两种，在不同波长的光照射下互相转换。它们通过光能转换把环境信息传给细胞，从而控制生长发育。还有对红光敏感的原蓝素 (引起避光性) 和对蓝光敏感的隐花色素 (引起光趋性和光向性，其过程还不清楚)。

(5) 光动力学作用。在光敏剂和氧的参与下，光照产生生化效应。光动力学作用机制有 I 型自由基反应和 II 型单线反应，二者的生化作用不同。光敏剂可用作药物，是研究热点。光动力学作用的基质是核酸、蛋白质、脂质和生物膜等。光动力学作用研究可用于光化治疗。

(6) 生物发光与化学发光。生物发光的本质为化学发光，人们对基本反应已了解，细节尚不清楚。生物发光有两类：①强发光 (生物发光)，如萤火虫、细菌、水母发光，强度可达 $10^{10}cd/(cm^2 \cdot s)$。已能通过基因工程人工合成荧 (发) 光素，发光效率高，有重要理论与实用意义。②超弱化学发光与微生物发光，强度可达 $100cd/(cm^2 \cdot s)$，在酶或非酶生化反应、细胞分裂、DNA 解旋时发光。基于化学发光的分析法的灵敏度比常规法高几个数量级。

8.2.7 自由基与环境辐射的生物物理学

在对宇宙线、高能辐射、光和电磁波等辐射对细胞和生物大分子作用的原初过程的作用机制的研究中，自由基的产生及其生化作用是一个重要环节。

1. 自由基

自由基是化学活性很强的离子团或原子团，如羟自由基 ·OH、过氧化氢 (双氧水)H_2O_2 等，它们具有很强的氧化性，对细胞、蛋白质、基因、生物大分子等有损伤作用。自由基的产生和清除的不平衡会造成疾病，加速衰老。

自由基研究重点包括：①活性氧自由基和抗氧化剂的研究；②脂类自由基在膜脂过氧化反应中的分子机制的研究。

2. 电离辐射的生物物理研究

研究包括：

(1) 辐射物理化学，辐射原初效应按持续时间长短分三个阶段。①辐射物理阶段，持续时间为飞秒至皮秒，这是辐射的激发、电离作用阶段；②辐射化学阶段，持续时间为皮秒至微秒，这是水的辐射分解、氧自由基和水合电子的产生阶段；③辐射生化阶段，持续时间为微秒以上，这是自由基对 DNA 等的生物分子的氧化还原作用和有害自由基的清除阶段。辐射致癌与自由基有关，辐射损伤与化学损伤有共同之处。

(2) 辐射生物化学 ——DNA 亚分子辐射损伤与修复研究：要求把 DNA 的辐射损伤和修复研究推进到 DNA 亚分子的特定功能基因。

(3) DNA 修复与基因治疗研究：从治疗的角度研究 DNA 的损伤与修复。

3. 生物磁学与生物电磁学

生物磁学与生物电磁学的研究对象包括：

(1) 外界磁场和电磁场对生物机体不同层次 (分子、细胞、器官、整体) 的作用机制；

(2) 生物体自身产生磁场和电磁辐射的机制和特性。

国际研究状况：从 1970 年以来，定期召开了很多届国际生物磁学会议；1978 年，美国成立了生物电磁学会；1989 年成立了欧洲生物电磁学协会；1989~1991 年，美国对极低频电磁辐射 (50~60Hz) 与癌症发病率的关系的研究投入 20 亿美元，目前这一研究已扩大到数十个国家。

生物磁学与生物电磁学的研究课题有以下几个。

(1) 器官水平的生物磁学研究。应用超导量子干涉仪 (SQUID)，可以对心磁、脑磁、肺磁进行精确的定位研究，测量心脏的兴奋过程，神经活动产生的磁场，肺部的尘埃量和肺功能等。

(2) 细胞磁学研究。用微电极和超导磁强计，可记录神经和肌肉纤维的动作电位和动作磁场，测量跨膜电位和细胞内的电流，神经纤维损伤与修复的程度；用巨噬细胞吞入磁探针测量活细胞浆的黏滞度和流变特性以及细胞器的运动和物理特性等。

(3) 分子磁化率研究。用超导磁化率计测定病人的肝、脾和心脏的铁含量以及小容量、低浓度金属蛋白质样品的磁特性。

(4) 磁场的生物学效应。研究表明，2T 的恒定强磁场会增加心脏循环时间，8T 的磁场可治疗血栓；人与动物对强磁场具有适应性；地磁 (弱磁) 对细菌、动物的导航作用与生化反应过程的磁效应有关；地磁反转与地球某些生物灭绝可能有某种关系；脉冲强磁场对上肢神经有刺激作用，脉冲弱磁场对培养细胞的 DNA 合成有减弱作用，对姐妹染色体的交换无影响；脉冲磁场可增加离体组织的有机物合成，增加钙化，加速血管增生。

(5) 电磁波的生物效应与机制的研究。研究不同频率、强度、波形和持续时间的电磁波对生物大分子、细胞、器官、个体或群体的生物效应。这方面实验很多，但对实验结果的合理解释不多。利用微波的听觉效应改变血脑屏障的通透性较有成效；弱脉冲电磁场对 DNA 合成、神经中枢和眼组织有影响。工业频率电磁波、毫米波和脉冲波的生物效应是研究重点。以上研究要解决电磁辐射的人体剂量问题。

8.2.8 生物力学与生物流变学

运用力学理论与方法,可研究生物的结构、功能、受力、运动等方面的力学问题,给予生物机体中的力学规律以定量的描述,为生物医学工程和生物技术服务。研究包括以下4个方面

(1) 生物流体力学,研究生物体内的气体和液体流动规律,包括肺和血管的流体力学、呼吸力学、细胞流体力学、淋巴流体力学、植物生理流动和生物化学工程流体力学等。

(2) 生物固体力学,研究包括骨力学、组织生物力学、关节力学、牙齿力学、创伤力学、矫形力学、步态力学、运动生物力学、皮肤力学和血管力学等。

(3) 生物流变学,该研究已有30多年的历史,包括血液流变、血管和器官流变、微循环生物流变、细胞生物流变、分子生物流变、肌肉细胞流变、生长的生物流变、植物的生物流变、临床血液流变等。其中血液流变学的研究占50%,研究包括血液流动性和黏性与人体免疫功能、人体神经–内分泌系统以及人体疾病的关系等。

(4) 其他生物力学,如研究动物的飞行与游泳的力学规律、微生物的运动、听觉和视觉系统的力学结构与特性等。

8.2.9 生物物理学技术

现代生物物理学技术的特点是:
(1) 提高了空间细微结构的分辨率;
(2) 提高了生物过程的时间分辨率;
(3) 发展了活体的无损伤检测技术。

1. 空间显微技术

该项技术包括以下几种。

光学显微:显微尺度为几百纳米 (10^{-7}m);

电子显微:显微尺度为埃 (Å= 10^{-10}m);

立体共焦显微:激光照射样品一点,反射到光电倍增管所在的焦平面上,形成样品的薄层像。

隧道扫描探针显微 (STM):显微尺度为 Å。

近场 (扫描) 光学显微 (NSOM):光通过亚微米小孔对样品作近距离扫描,可突破光镜极限。

分子激发显微:是 STM 与 NSOM 的结合,其原理是基于能量共振。

此外,还有标记物显微、辐射 (X 射线) 显微、光电子显微、超声显微等。

2. 时间分辨技术

当前对生物物理的研究已进入动态研究,其时间尺度为 $10^{-15} \sim 10^3 \text{s}$,必须发展相应的时间分辨技术,包括以下几种。

(1) 纳秒 (10^{-9}s) 级光谱技术 (荧光光谱技术):研究蛋白质构象、膜结构和膜蛋白结构的动力学。

(2) 皮秒 (10^{-12}s) 级光谱技术:应用光吸收、荧光、拉曼光和共振拉曼光、圆二色光谱等手段。应用脉冲激光研究血红蛋白的光解电离、二级结构和四级结构及其变化。

(3) 飞秒 (10^{-15}s) 级光谱技术:研究能量转移和激发态,是前沿研究,处于初期阶段。

时间分辨技术发展的三个方向:①产生超短脉冲激光,提高时间分辨率;②扩展光谱频率,增加光谱种类;③把时间分辨和空间分辨结合起来,可进行活细胞动态分析。

3. 神经活动检测技术

该项技术包括:

(1) 利用 SQUID 探测大脑不同部位的神经活动;

(2) 利用电压敏感的染料分子与细胞膜结合,把膜电位变化变为光信号,经显微镜和二维光学检测器再变为电信号进行处理。

4. 计算机与自动化技术

该项技术包括:

(1) 利用计算机进行数据采集、处理、加工和成像;

(2) 生物系统的计算机建模模拟;

(3) 利用计算机控制的机器人技术进行实验检测。

8.3 生物系统与生态系统:生物系统的层次性与复杂性

8.3.1 生命是非平衡系统的一个过程,而非一种物质状态

可以从下述两点认识生物系统是过程而不是结构或状态,即生物系统是动态过程而非静态或定态结构,是变化的过程而非稳定的状态。

(1) 生物系统具有与处于非平衡态的"耗散结构"系统的类似性:两者与外界环境都有物质、能量、信息的交换,形成耗散的自组织结构。

(2) 生物系统具有与"耗散结构"的不同点:生物系统对外部环境的信息有记忆能力,对环境变化有适应性,有自我复制和遗传的能力,而"耗散结构"没有。

8.3.2 生命是一个复杂的瞬态过程

生命是一个发生、发展、消亡的瞬态过程。这些过程在时空中有很宽的从微观到宏观的时空尺度，因而是发生在不同时空层次上的过程。这些不同层次的过程相互关联、相互影响，形成一个有机整体。

8.3.3 生命有复杂的层次结构——从生物分子到生物系统和生态系统

生命的复杂的层次结构包括生命分子、蛋白质、细胞器、细胞、组织、器官、生物个体、生物群体、生物系统（所有生物群体的集合）、生态系统。

生态系统 = 生物系统 + 生物系统赖以生存的环境生态系统

生物系统和生态系统的上述这些层次结构相互作用、相互关联、相互影响，形成一个有机整体。必须从这些层次之间的相互作用和相互联系去研究生命现象的发生、发展和消亡的过程。

地球是迄今发现的宇宙中唯一的、最大的生态系统。

8.4 生物信息学

20世纪90年代诞生的因特网和随之而来的信息高速公路，标志着信息时代的到来。人类基因组计划的大型国际合作，完成了人类基因组计划的第一步——对30亿对DNA碱基的全序列的测定。搞清人类基因组全套遗传密码的全部涵义则是这一计划的宏伟目标。基因组计划和国际因特网促成了生物信息学的诞生。计算机在生物学中的广泛应用则为生物信息学的诞生创造了技术条件。

生物信息学的广义涵义是利用信息技术管理和分析生物学数据，诠释这些数据的生物学涵义。从基因组数据分析的角度看，生物信息学的狭义涵义是指核酸和蛋白质序列数据的计算机处理与分析。

生物信息学的中心任务是从浩如烟海的序列数据中提取生物学理性知识。为此，不仅要解决高效的数据储存手段，而且要开发有效的数据分析手段，将序列信息转换成生物化学和生理学知识，弄清序列蕴涵的结构和功能信息，了解它们所代表的生物学意义。

若把蛋白质比作句子，把蛋白质的序列模体比作单词，则蛋白质的基本元素氨基酸就是字母。生物信息学中蛋白质序列分析的目标就是掌握这部由蛋白质句子组成的天书中组成各种句子的单词，弄清各种蛋白质序列模体单词及由它们组成的句子所代表的生物学意义，以及把单词组合成句子的句法规则。

生物信息学中核酸序列分析的核心课题是从大量的序列信息中获取基因的结构、功能和进化等生物学知识。

迅速增长和浩如烟海的蛋白质和基因组序列数据，使生物信息学研究成为只有国际合作才能完成的事业，而计算机和因特网的迅猛发展使这种国际合作得以实现和颇具成效。许多著名的生物信息学研究中心和数据库应运而生。生物信息学研究已成为国际性的大学科领域，其进展之快和成就之大日新月异。这一领域的现状和成就请参考文献 [4]~[6]。

8.5 讨论与展望

作为物理学与生物学交叉与结合的生物物理学还处于幼年时代，而量子生物学则更处于襁褓期。这是一个大有作为的领域，正等待人们，尤其是年轻人去开发。她将促进生物学的变革，也将大大推动物理学的发展。

参 考 文 献

[1] 国家自然科学基金委员会. 自然科学发展战略调研报告: 生物物理学. 北京: 科学出版社, 1995
[2] 郝柏林, 刘寄星. 理论物理与生命科学. 上海: 上海科学技术出版社, 1997
[3] 甘子钊, 韩汝珊, 张学群. 生命科学中的物理学. 北京: 北京大学出版社, 1996
[4] 郝柏林, 张淑誉. 生物信息学手册. 上海: 上海科学技术出版社, 2000
[5] 郝柏林. 混沌与分形–郝柏林科普文集: 生物信息学, 物理学和生物学. 上海: 上海科学技术出版社, 2004
[6] Attwood T K, Parry-Smith D J. 生物信息学概论. 北京: 北京大学出版社, 2002
[7] 罗辽复. 物理学家看生命. 长沙: 湖南教育出版社, 1994
[8] Black P, Drake G, Jossem L. 物理 2000—— 进入新千年的物理学. 赵凯华, 等译. 北京: 北京大学出版社, 2000

第 9 章　结语——21 世纪的物理学

9.1　21 世纪物理学面临的变革

21 世纪物理学面临的变革包括三个方面：物理学的基本理论——粒子物理学和宇宙论在纵深方面的深刻变革，多粒子系统物理学和复杂系统物理学在横向方面的重大进展，与物理学有关的交叉学科的兴起和由此而来的新发现。

21 世纪的物理学将通过对高科技的巨大促进，对知识经济和社会生活的各个方面产生重大的影响。物理学很可能与生命科学、信息科学和航天科技一起分享 21 世纪。

9.1.1　物理学基本理论——粒子物理学和宇宙论在纵深方面的深刻变革

预计物理学基本理论将在微观量子真空和宇宙真空背景的新性质的发现的基础上，建立起与相对论和量子论形成三足鼎立的、协调一致的第三种基本理论，以达成物理学基本理论的完备性，从而统一地描述物质的基本结构和基本相互作用，解释质量和引力的起源以及相互作用的本质。与此同时，将建立起完善的粒子物理学和宇宙学，从微观、宏观和宇观三个方面解释基本粒子和宇宙的起源、天体结构的形成和宇宙的演化与归宿。

9.1.2　多粒子系统物理学和复杂系统物理学在横向方面的重大进展

多粒子系统物理学包括强子和原子核物理学、原子分子物理学与光学，以及凝聚态物理学等，运用物理学基本定律研究多体系统和复杂系统的横向科学。

强子和原子核物理学将全面进入基于 QCD 的夸克——胶子多体系统的动力学时代。

凝聚态物理学将进入以人造凝聚态、极端条件下的非常规凝聚态和生物凝聚态过程为代表的复杂系统的规律的研究时代。高温超导体的研究和应用、可控热核反应的研究和聚变能的实际利用将是这一领域的中心课题，将彻底解决人类的能源问题。人造凝聚态的研究和原子、分子的控制与操作，将给材料科学和化学开辟空前广阔的前景，使人类摆脱大自然的恩赐，进入量子工程的时代，按自己的意愿和需要设计和制造人工量子系统和人工智能材料。超强超快激光、光与原子分子相互作用的精确控制，将开辟光学的新时代。物理学将在原子、分子的层次进入生物过程的研究，在生物物理领域形成重要的交叉学科。

9.1.3 交叉学科的兴起与新发现

量子物理的理论及其实验技术与信息科学和计算机科学技术的深层次结合,将在量子信息、量子通信与量子计算等方面产生重大的理论成果和应用技术,量子通信将获得重要应用,量子计算将有可能逐步实现。

物理学在原子、分子的层次进入生物过程的研究,将使量子生物学对生物大分子的能量、电荷输运和信息传递作出定量的描述,对生化过程在原子、分子层次上作出说明并进行控制。量子生物学与生物信息学一起将最终揭示蛋白质序列的生物学涵义和 DNA 序列的遗传秘密。

地球科学与物理学结合将产生许多新兴交叉学科。大气物理与气象物理将使天气预报的有效期延长、准确度大大提高,天气的人工控制和人工气候的规模将增大。海洋物理将揭示出新的海洋秘密,特别是深海的秘密和海洋-大气相互作用的规律。深层地壳物理和地心物理将发现不为人知的规律。所有这些学科的发展,将使我们对所居住的星球有更深刻的了解,为我们与地球和谐相处提供科学知识。

9.1.4 对高科技的巨大促进

物理学将通过与生物学、化学、材料科学、信息科学、地球科学以及空间科学的联盟,以比 20 世纪更快的速度、更大的规模、更深的层次,促进高科技的发展,并通过高科技对知识经济和人类社会产生巨大的影响。

9.2 物理学的研究方法

物理学的研究方法与物理学的特点密不可分。物理学有几个显著的特点。

(1) 它是精密的、定量的实验科学。为此,它要使用精确的实验方法和精密的仪器,要有严密的理论方法和严格的数学。

(2) 它是探索自然本原的科学。在自然科学中,物理学所研究的问题最为基本,要对一些过去的哲学问题作出科学的回答,如物质、运动、时空的本性以及宇宙的起源与演化等。需要用有哲学思维的头脑和实证的物理知识去回答这些问题。从以上两点派生出第三个特点。

(3) 物理学与数学和哲学是紧密结合的。这可以从下面两点看出。①伟大的物理学家都是自然哲学家,最突出的例子有牛顿、爱因斯坦、N. 玻尔、海森伯、狄拉克等。物理学需要科学的哲学。这种科学的哲学是从科学成就和人类社会实践中总结出来的;它是思想方法,是受科学、社会实践检验的,而不是凌驾于科学和社会之上的、不可侵犯的教条。科学的哲学是发展的而不是一成不变的。从自然科学的发展经验看,可信的自然科学的哲学是唯物论和辩证法。这一哲学有多家之言,自然科学家也对它做出了重要贡献,许多现代派别的观点有可取之处。②没有近代和现代数学,就没有现代物理学。物理学与数学的密切对应说明了这点 (表 9-1)。

表 9-1 物理学与数学的对应

物理学	数学
经典力学	微积分
狭义相对论	闵可夫斯基几何
广义相对论	黎曼几何
电动力学	偏微分方程
量子力学	希尔伯特空间理论
量子场论	泛函微分、积分理论
规范场理论	纤维丛理论
对称性理论与守恒定律	群论

因此,有作为的现代物理学家应掌握必需的现代数学和科学哲学的知识。

9.3　21 世纪中国的物理学

9.3.1　21 世纪中国物理学 (中期) 前景的预期 (部分)

(1) 中国经济和高科技的快速发展将带动凝聚态物理学、原子、分子物理学和光学的加速发展,较快地缩小与国际研究前沿的差距,先在某些主流领域占有一席之地,然后再逐步扩大。

(2) 原子核物理学将在重离子核物理学、超重核合成和放射性核研究方面,可望占领一席之地,在理论研究方面可望作出有中国特色的贡献。

(3) 基本粒子物理学在实验的国际合作方面可望作出中国人的贡献,正负电子对撞机的实验研究和粒子物理理论研究方面可望作出有中国特色的贡献。

(4) 天体物理与宇宙学研究的差距将会缩小,天体观测和宇宙学理论研究可望作出成绩。

(5) 在交叉学科方面,生物物理学在分子遗传学和生物信息学方面可望作出成绩,量子信息、量子通信和量子计算研究的技术差距将会缩小,理论研究可望作出成绩。

9.3.2　中国发展物理学的策略

(1) 国家资助策略:国家由于财力资源有限,资助要突出重点,"有所为,有所不为"。

(2) 个人自由研究:中国有 13 亿人口,凡是有意义的、世界上有的学科,中国都要有人研究。特别是物理学基础理论研究,对可望突破的物理学深层次基础问题，应当足够重视并鼓励人研究。中国应当在物理基础的新的突破中，对人类做出应有的贡献。

9.3.3 21 世纪中国物理学家的责任

21 世纪，中国物理学家要为发展中国和世界的物理学做出自己出色的贡献：①迎接 21 世纪物理学的变革与挑战；②为 21 世纪中国和世界高科技发展提供物理学支撑。

参 考 文 献

[1] Black P, Drake G, Jossem L. 物理 2000——进入新千年的物理学. 赵凯华, 等译. 北京: 北京大学出版社, 2000

[2] 国家自然科学基金委员会. 自然科学发展战略调研报告. 北京: 科学出版社, 1995

[3] 即将出版的《中国科技中长期发展规划》和《2007 年美国自然科学长期规划白皮书》

[4] 亚伯拉罕·派斯·爱因斯坦传 (上, 下册). 北京: 商务印书馆, 2004

[5] 亚伯拉罕·派斯·尼耳斯·玻尔传. 北京: 商务印书馆, 2001

[6] 大卫. C. 卡西第. 海森伯传 (上, 下册). 北京: 商务印书馆, 2002

第10章 物理前沿问题讨论

下面列出各章的思考与讨论的问题,供学习和复习参考。

第1章　物理学与高科技
　　　1. 试述21世纪高科技与物理学的关系
　　　2. 谈谈对21世纪物理学发展前景和可能面临的变革的看法

第2章　凝聚态物理学与介观物理学
　　　1. 试述凝聚态物理学的几个新方向
　　　2. 谈谈对介观物理、团簇物理与纳米科技的学习心得
　　　3. 谈核聚变问题
　　　4. 谈谈超晶格、准晶格与人造原子等人造系统的应用前景
　　　5. 漫谈极端条件下的凝聚态物理学
　　　6. 谈谈自己对复杂性与自组织的理解

第3章　原子、分子物理学与光学
　　　1. 谈谈原子结构与原子动力学的前沿问题
　　　2. 谈谈分子结构与分子动力学的前沿问题
　　　3. 试述原子的控制与操作和分子的剪切与原子的组装
　　　4. 试述光学的进展和前沿问题

第4章　原子核物理学
　　　1. 试述低能原子核物理学中的结构、反应、裂变与衰变问题
　　　2. 试述当前核物理研究的两个前沿:放射性核物理与基于QCD的核物理
　　　3. 试述高能原子核物理学的发展前景
　　　4. 谈谈对天体核物理学的展望

第5章　基本粒子物理学与量子场论
　　　1. 试述基本粒子物理学的成就
　　　2. 试述标准模型的问题
　　　3. 谈谈对引力量子化和超弦理论的看法
　　　4. 试述粒子物理学与原子核物理学的交叉
　　　5. 试述粒子物理学与宇宙学的关联

第6章　广义相对论、天体物理学与宇宙学

1. 阐述宇宙的层次结构
2. 谈谈黑洞与类星体问题
3. 简述经典宇宙学模型和大爆炸 (量子) 宇宙学模型
4. 谈谈对宇宙的加速膨胀与暗物质、暗能量的看法
5. 谈谈宇宙学问题与粒子物理学问题的关联

第 7 章　量子信息、量子通信与量子计算
1. 阐述量子力学与信息论的关系
2. 试述量子信息与经典信息的区别
3. 试述量子通信的特点
4. 阐述量子计算的特点和与经典计算的区别
5. 谈谈对量子通信和量子计算机的展望

第 8 章　生物物理学
1. 谈谈生物学与物理学的交叉问题
2. 谈谈你感兴趣的生物物理学问题
3. 试述生物系统的层次性与复杂性
4. 试述生物信息学的主要课题
5. 谈谈生物物理学的发展前景

第 9 章　结语 —— 21 世纪的物理学
1. 谈谈 21 世纪物理学可能面临的变革
2. 谈谈物理学的研究方法，物理学、数学与哲学的关系
3. 如何发展中国的物理学
4. 你打算在哪个学科从事物理学教学与研究
5. 对发展物理学，你有什么抱负和理想

第二篇
物理学基础探讨

第11章 关于相对论和引力的思考[①]

1. 爱因斯坦的相对论体系：狭义相对论、广义相对论和宇宙学是关于时空性质和物质分布的关系的理论，也是关于天体和宇宙的理论

评注：

(1) 相对论实质是关于宇宙背景场的一个侧面 —— 平均稳定侧面的理论，因而是普遍、重要的理论。

(2) 最大的问题是在理论中隐去了背景场物质，因而理论自身的问题无法从物质的角度去研究与回答。

(3) 时空是宇宙背景场的时空，时空的属性来自背景场的几何属性。①背景场四维整体均匀各向同性导致背景场的闵可夫斯基几何属性，背景场四维局域不均匀性导致背景场的黎曼几何属性；②光速是背景场信号转播的速度；③相对性原理来自物质粒子在背景场中做与背景场保持平衡的运动，即整体或局域的惯性运动。

上述三点导致相对论的三条公理 (假定)。①时空度规的闵可夫斯基几何属性或黎曼几何属性；②光速不变；③相对性原理和惯性运动 (测地线运动)。

(4) 决定时空微观、宏观和宇观性质的物质除作为①背景场的激发态物质 (通常指的是宇宙物质) 外，还有②背景场基态量子涨落，以及③由于空间截断或宇宙膨胀，基态量子涨落对于静态、平直背景的量子涨落 (其宏观效应抵消、观察不到) 的偏离 (表现为可观测的引力和反引力)。现有相对论只考虑了①，量子论考虑了②，因而不完全，还应该考虑③以解决引力和宇宙学问题。

"戈尔迪结"：$G_{\mu\nu}$ 为爱因斯坦–嘉当转动矩，与局域洛伦兹转动相联系；$T_{\mu\nu}$ 为协强挠率动量张量，与局域平移相联系，二者涉及对称性质不同的物理–几何量。

2. 爱因斯坦对物理学三个领域的贡献：相对论、量子论、统计物理

这三个领域的关系涉及：庞加莱不变的辐射谱？布朗运动的相对论协变性？相对论与量子论的协调？

评注：相对论是关于背景场平均稳定侧面的理论，量子论和统计物理是背景场的另外两个侧面 (量子涨落侧面和经典随机涨落侧面) 的理论，因而也很普遍、很重要。因此，爱因斯坦的三项贡献都是研究物理背景的普遍的性质和原理。①相对论是关于平均稳定真空背景的性质和原理；②量子论是关于量子涨落真空背景的

[①] 读郭汉英 "爱因斯坦与相对论体系"[1] 一文的评注、思考与杂记 (2005.10~2012.12)

性质和原理；③布朗运动是关于原子、分子背景的量子和经典涨落的统计性质和原理。背景是普遍的，因而关于背景的理论也是普适的、重要的。

评注：从两个相对论和爱因斯坦相对论到把二者统一起来的相对论

(1) 洛伦兹–庞加莱相对论：洛伦兹基于以太，从尺缩、钟慢效应和光速对钟出发，得到从静止系到运动系的洛伦兹变换。洛伦兹把尺钟变化看成以太的动力学效应，不看成时空本身的属性。

重要事实：在 10^{-4} 精度下均匀、各向同性的 2.7K 宇宙微波背景辐射 (CMB) 的发现，使确定地球相对于真空背景的运动速度成为可能。从 CMB 温度的偶极振幅的测定值 $\Delta T \approx 1.24\text{mK}$，定出地球相对于真空背景 CMB 的运动速度为[2,3]

$$v_{\text{earth}} \approx (371 \pm 1.5)\text{km}/s$$

庞加莱证明洛伦兹变换成群，提出相对性原理，建立了洛伦兹协变的麦克斯韦电磁理论。庞加莱并未用洛伦兹变换群去定义以太的几何。

(2) 爱因斯坦相对论：放弃以太说，从光速不变和相对性原理出发，导出洛伦兹假定，建立新的时空理论，把尺钟变化看成时空本身的属性，不追究其物质动力学原因。爱因斯坦相对论对时空本性的解释终止于闵可夫斯基几何，不追究产生这种几何的物质背景根源和属性。

(3) 闵可夫斯基从数学上证明狭义相对论时空是 3+1 维闵可夫斯基空间，其几何用庞加莱群确定。

(4) 但大家都没有说 (或回避说)：用庞加莱群确定的相对论时空的闵可夫斯基空间是平稳 (平均稳定) 的量子真空背景场 (量子以太) 的时空几何。

(5) 基于量子以太的相对论：从平稳真空量子背景场 (量子以太) 出发，从背景场的尺缩、钟慢效应和光速对钟出发，得到从静止系到运动系的洛伦兹变换，从而隐去了相对于背景场的运动，恢复了完全的相对性。但是，把尺钟变化看成量子以太的动力学效应，可以揭示出背景场时空几何属性的物质基础。用庞加莱群确定的相对论时空的闵可夫斯基空间是平稳真空背景场 (平稳量子以太) 的时空几何，可以把时空几何与背景场物质属性联系起来。

(6) 让时空理论有物质基础，因而可以追究时空属性的物理根源，在量子以太–真空背景场的基础上，把爱因斯坦相对论和洛伦兹–庞加莱相对论统一在平稳量子以太–真空背景场的时空几何之上，可以建立起基于平稳量子以太背景场的相对论。

(7) 相对论是时空的几何，是我们所在的这个宇宙的平稳量子真空背景的时空的几何，是平稳真空背景的时空的局域洛伦兹几何和大范围的黎曼几何。

(8) 粒子的惯性来自粒子与量子真空背景场相互作用达到平衡时所形成的稳定联系，是粒子与这种背景相互作用中对背景场的习惯。惯性运动是保持粒子与背景场相互作用始终处于平衡状态的运动，是适应背景场的运动。

(9) 相对性原理来自物质粒子在背景场中的整体或局域的惯性运动。背景场对于与其保持惯性运动的测量工具的时空行为和被测对象的时空行为的影响是一致的；相应地与时空是共轭的，对于测量工具的广义动量和被测对象的广义动量的影响也是一致的。在不同惯性系中，用相同变化率的尺、钟去测量具有相同变化率的被测对象的长度和时间，得到协变一致的数值结果（读数），这就是物理规律协变性的相对性原理的物理内涵。对整体惯性运动有狭义相对性原理，对局域惯性运动有广义相对性原理。只有测量工具和测量对象在惯性运动中，它们与背景场的相互作用才保持平衡，背景场对它们的影响才是一致的和同一的。

因此，相对性原理的物理实质是：真空背景场对于与其保持惯性（平衡）运动状态的所有物质（粒子）的时空行为和共轭运动学量影响具有同一性和一致性。

广义相对论：

1915 年，爱因斯坦-希尔伯特引力场方程；

1919 年，爱丁顿日全食光线偏折观测；

1917 年，爱因斯坦提出宇宙学原理，即三维宇宙空间是均匀和各向同性的，为了描述静态宇宙，引入宇宙项。德西特发现，加入宇宙项的引力场方程具有"空无一物"的常曲率时空严格解，即德西特时空（宇宙项为正）和反德西特时空（宇宙项为负）；

1938 年，从引力场方程导出检验粒子的运动方程；

评注：

(1) 宇宙项是量子宇宙背景场的另一种产生反引力的物质（宇宙膨胀导致真空量子涨落能减小后诱导出的量子激发 —— 对应于暗能量量子）[8,9]。

(2) 包含宇宙项的爱因斯坦-弗里德曼方程，已包含了量子宇宙背景场因宇宙膨胀而导致的量子涨落能减小部分对时空曲率的贡献，它预言了暗能量和宇宙膨胀，包含了德西特时空，描述了宇宙学原理。

(3) 陆启铿和郭汉英则阐明了德西特时空不仅描述了宇宙学原理，而且包含了膨胀宇宙中的惯性运动和相对性原理。宇宙学原理和相对性原理在德西特时空中是统一的，是两种不同坐标系的选择，在贝尔特拉米 (Beltrami) 坐标系中实现相对性原理，在共动坐标系中实现宇宙学原理。共动坐标系的存在表明，相对论不排除优越参考系，优越参考系与相对性原理是相容的（洛伦兹在狭义相对论中证明优越参考系与相对性原理相容，陆启铿和郭汉英在广义相对论中证明优越参考系与相对性原理相容）。

(4) 由于 $\Lambda \sim \dfrac{1}{R^2}$，当 $R \to \infty$、$\Lambda \to 0$ 时，德西特时空趋于闵可夫斯基时空，在狭义相对论和闵可夫斯基时空中仍存在两类坐标系。贝尔特拉米坐标系趋于洛伦兹坐标系以实现相对性原理，共动坐标系趋于相对于宇宙背景静止的坐标系以实现优越坐标系；这表明，狭义和广义相对论都不排除优越参考系，优越参考系与相对性原理是相容的，是两类坐标系选择的问题[4-6]。

3. 现代物理学是一个没有完成的逻辑体系，存在一些观念上的巨大混乱 (S. Weinberg,《引力论和宇宙论: 广义相对论的原理和应用》)

评注：相对论是一个没有完成的体系，量子论也是一个没有完成的体系。相对论没有考虑到背景场的宇观时空结构在大的方面的有限性 (R 大但有限，不趋于无限大)，量子论没有考虑到背景场的微观时空结构在小的方面的有限性 (l 小但有限，不趋于零)；相对论假定背景场的宇观时空结构在大的方面 (R) 趋于无限大，量子论假定背景场的微观时空结构在小的方面 (l) 趋于零；相对论是背景场的宇观时空结构 R 趋于无限大极限下的时空理论，量子论是背景场的微观时空结构 l 趋于零极限下的运动学和动力学理论。

评注：原理理论和结构理论

原理理论：原理理论从可靠的公理出发，具有简洁性和普适性。如果不探究物质基础，原理就成为不可追究物理机制的公理，就难于进一步发展。物理学的原理理论常用背景场的对称性来表述，而对称性由数学表述。

结构理论：结构理论从基本物质的结构与属性出发，具有直观性和条件性。没有原理，基本的物质结构的普遍属性就表达不出来，结构理论就难于揭示出其形式的简洁性、结构的对称性和内容的普适性。

科学认识的发展次序：现象论阶段 (唯象性理论)，实体论阶段 (结构性理论)，本质论阶段 (原理性理论)。

结构理论属于实体论阶段，原理理论属于本质论阶段。结构理论的进一步升华 (概括、抽象和提升) 从结构理论中提炼出基本物质的对称性和相应的守恒定律，获得普遍原理，结构理论就过渡到原理理论。物理学基本原理是关于基本而普遍的守恒定律的表述，而守恒定律又用对称性描述，所以原理理论常常用背景物质的对称性原理来表述 (相对论用时空背景的几何对称性表述，量子论用量子背景的海森伯对称性代数或其他量子对称性代数表述)。

原理理论的特点是公理化、出发点不可约化、不可追究、刚性，难于发展。结构理论的特点是直观、可约化、可追究、模型柔性可变性，有发展余地。

思考：洛伦兹-庞加莱相对论是结构理论，其基本物质实体是以太。

爱因斯坦相对论是原理理论，其出发点是三条公理：度规 —— 描述时空结构、光速不变 —— 引进背景属性、相对性原理 —— 建立不同坐标系的关系。用庞加莱对称性表述以光速为背景特征量的背景时空几何 (几何用对称群描述)。作为原理理论而抛弃了原理的物质基础和实体 —— 以太。

普朗克-爱因斯坦-玻尔的量子论是结构理论，其实体是光量子、电子、原子和真空量子涨落。

德布罗意–海森伯–薛定谔的量子论是原理理论，其原理是测不准原理和量子化条件，用海森伯代数 h(3) 对称性表述。

现代物理学的两大支柱相对论和量子论由于相当成熟和完善，早已发展成为原理性和公理化的理论，抛弃了或隐去了该理论赖以存在的同一物质客体——发生着量子涨落的宇宙量子真空背景场（或宇宙的量子以太），因而很难理解相对论和量子论的物理本质，使理论的进一步发展遇到进行物理思考时缺乏物质根据的困难。

现代物理学基本理论的进一步发展要求在现代水平上回归到相对论和量子论赖以存在的同一物质客体——宇宙量子真空背景场（或宇宙的量子以太）：相对论的客体是其平稳属性，量子论的客体是其涨落属性，宇宙学的客体是其膨胀属性。从宇宙量子真空背景场的属性出发，可以了解相对论原理和量子论原理的物质本质：①了解、探索相对论的原理如何从真空背景场的平稳属性产生；②了解、探索量子论的原理如何从真空背景场的涨落属性产生；③了解、探索宇宙加速膨胀和暗能量如何从真空背景场的量子涨落因膨胀而产生；④了解、探索相对论和量子论这两个理论的局限性问题、进一步发展的可能性以及如何发展，⑤了解、探索引力如何从真空背景场的量子涨落因物质粒子存在和宇宙膨胀而出现[7~9]。

在结构理论所基于的实体基础上分析原理理论的公理假设要素。

狭义相对论的三个假设要素：闵可夫斯基度规、光速不变、相对性原理如何从真空背景场的平稳部分产生。

闵可夫斯基度规：真空背景场的平稳部分的均匀各向同性属性导致其几何为闵可夫斯基几何。

光速不变：光速是真空背景场的信号传播速度，真空背景场的平稳部分的均匀各向同性导致光速的均匀各向同性，因而成为常数，并把时空坐标统一起来可相互转换。爱因斯坦时代只检验了回路光速不变。

相对性原理：真空背景场的平稳部分的尺钟效应对测量工具和被测对象的影响的同一性和一致性是该原理的物质基础。运用在任意惯性系用单程光速对钟的约定，使背景的时钟效应从静止系扩展到一般惯性系，使时空成为具有洛伦兹对称性（不变性）的闵可夫斯基几何体，产生出具有洛伦兹变换协变性（不变性）形式的相对性原理。因此，真空背景对运动尺钟的真实物理效应，对测量工具和被测对象影响的一致性，加上光速各向同性假定对钟，导致用洛伦兹变换表述的相对性原理。

真空背景场的平稳部分的尺钟效应（尺缩、钟曼）是真实的物理，这种效应的完全相对性则是基于单程光速对钟约定的结果，这一约定使同时性成为完全相对的。因而事物的时空结构随其相对于真空背景场的运动而变是物理的、真实的，这种变化的完全相对性则是单程光速对钟约定和同时性的相对性导致的美化、修饰的结果。

因而，相对论所揭示的时空对称性既包含有自然界的客观朴素之美，也包含有人文的主观修饰之美，时空的洛伦兹对称性包含了自然界的客观朴素之美和人文的主观修饰之美。自然朴素之美是背景场产生的尺缩、钟慢效应及其运动学效应，人文修饰之美来自单程光速对钟的约定和同时性的相对性，从而使尺缩、钟慢效应完全相对化。这正像美女之美一样，既包含自然姿色朴素之美，又包含人文化妆修饰之美[7]。

自然界具体事物之美常常是破缺的，因为自然界的具体事物是从宇宙普遍物质的对称性破缺产生的，由此导致物质的分化和世界的多样性。自然界普遍物质的完全的对称性之美的破缺是该种普遍物质分化产生出世界多样性的根源。

作为普遍的原理性理论，它应囊括、容纳所有事物，允许各种导致事物分化的对称性破缺 (子群对称性)，因此普遍原理必须包含最大的对称性，才能破缺到一切可能的小的对称性 (子对称性)，从而展现具体事物和具体物理过程的多样性。

规范协变理论是规范不确定的理论，是能够包含所有一切可能规范的理论，是没有确定具体规范的理论，因而是规范不破缺的理论，是有最大规范对称性的理论。所以，在规范群范围内，它是描述一切可能物理的普遍的理论。然而，规范对称性只有破缺才代表真实物理，从一切可能的物理中挑选出现实的物理。

对称性原理 (包括相对性原理和普遍的不变性原理) 和泛定方程 (是守恒定律的数学表述) 用于描述基本物理场的基本属性。规范条件、坐标条件和定解条件用于确定具体物理过程或事物，它们把普遍的可能的对称性破缺到特殊的具体的物理过程和事物的现实对称性。

4. 惯性运动和惯性系的存在是狭义相对论的基础

狭义相对论无法解决惯性运动和惯性系起源问题。

相对性原理与宇宙学问题之间的不协调。相对性原理要求惯性系的存在。在宇宙尺度如何定义惯性运动和惯性系？牛顿力学和相对论都存在这种不协调。

1962 年，邦提在《物理学与宇宙学》一书中提到"在宇宙学和通常的物理学之间，看来存在明显的冲突"。相对性原理认为，惯性系没有优越的速度，河外星系的红移表明，在宇宙尺度的现象具有优越速度；满足相对性原理的物理规律，没有时间方向，宇宙演化本身却明确给出时间方向。相对性原理对宇宙学效应不再成立，时间反演和时间平移不变性不再成立。

1971 年，伯格曼在《宇宙学作为科学》一书中提到："宇宙环境对于局域实验的影响导致相对性原理的局域破坏"。

与引力无关的物理规律对惯性系之间的庞加莱群变换不变。不管是引力或是宇宙学效应,闵可夫斯基时空和庞加莱不变性是相对论物理学理论和实验分析的基本框架,是时空测量、同时性和基本物理量定义的基础,基本物理场也是按庞加莱群不可约表示分类的,这些不可约表示按该群的两个卡西米尔算子的本征值表征。

相对性原理对宇宙学效应不再成立,时间反演和时间平移不变性不再成立。扣除原初扰动和漂移速度,宇宙背景空间是三维均匀各向同性的、具有 6 个参数的变换群;宇宙背景时空的度量是弗里德曼 - 罗伯逊 - 沃克度量,依赖于一个标度因子和一个表征时空几何的参数:$k=1$(开放伪球,SO(3, 1) 对称群),$k=0$(平直欧氏,E(3) 对称群),$k=(-1)$(闭合球,SO(4) 对称群)。标度因子仅依赖宇宙时和 k,其形式由宇宙中物质分布的能量–动量张量通过爱因斯坦方程确定。在这样的时空背景中,存在优越速度和时间方向,相对性原理不成立。在什么意义下,可以用相对性原理、闵可夫斯基时空和庞加莱不变性定义的物理规律和物理量来分析局域实验室得到的物理实验和天文观测数据?如何协调相对性原理和宇宙学原理,在宇宙尺度运用狭义相对论和庞加莱不变性?如何把宇宙尺度、宏观尺度和微观尺度的时空对称性和相应的物理规律协调起来?

宇宙学原理和相对性原理可能是同一个事物的两个方面。在宇宙学原理和相对性原理彼此协调的理论中,宇宙学原理会在满足相对性原理的惯性系中挑选出优越的惯性系,由此出发消除二者的不协调。在现代宇宙学的意义上向洛伦兹–庞加莱时空观念回归。

5. *等效原理*

等效原理的实质是狭义相对论的局域化:要求在表征引力场的弯曲时空的每一点,狭义相对论及其物理定律成立。这是爱因斯坦表述。

等效原理的通行表述:在宇宙中的任何时空点,都存在局域洛伦兹时空 (参考系),除引力之外的一切物理定律与狭义相对论中一样。

上述两个表述都没有要求狭义相对论及其物理定律具有完整的庞加莱对称性;只要求齐次洛伦兹对称性,而时空平移对称性破坏了。其后果是,在广义相对论中,能量、动量、质量和自旋等的定义和守恒,失去了狭义相对论中相应的对称性基础。只能作类比或等效的处理。

6. *广义相对性原理的物理内容和实质*

1946 年,爱因斯坦:自然定律方程的协变性变换群,应当用连续坐标变换群代替洛伦兹变换群,这个更一般的群以洛伦兹变换群为其子群。

迈斯勒、索恩、惠勒的《引力》:广义相对性原理和简单性要求物理量必需表述为 (与坐标无关的) 几何量,物理定律必需表述为这些几何量之间的几何关系。广义相对性原理具有最简单、优雅的几何基础：三个公理：①具有度量；②度量由爱因斯坦方程决定；③在度量的局域洛伦兹标架中狭义相对论的物理定律成立。

坐标的连续变换一般不构成群，只有局域坐标的基底及其对偶基 $\left(\dfrac{\partial}{\partial x^i}, \mathrm{d}x^i\right)$ 之间的变换矩阵才构成局域化的一般线性群 GL(4, R)，而局域齐次洛伦兹群是其子群，但平移群则不是其子群，在 GL(4, R) 对称性中平移对称性遭到破坏。在广义相对论中，所有物理量都要求是这类变换的张量，即带上相应基底后成为与坐标无关的几何量。狭义相对论的对称群是庞加莱群，广义相对论的对称群是 GL(4, R)，失去了平移对称性。

评注：任何局域化都要破坏通常的平移对称性；但对常曲率空间，却可以定义 Beltrami 平移对称性。

7. 爱因斯坦–希尔伯特场方程与"戈尔迪结"

爱因斯坦–希尔伯特场方程存在几何量和对称性与物理量和对称性之间的不协调。见迈斯勒、索恩、惠勒的《引力》。

"戈尔迪结"：$G_{\mu\nu}$ 为爱因斯坦–嘉当转动矩，与局域齐次洛伦兹转动相联系；

$T_{\mu\nu}$ 为协强挠率动量张量，与局域平移相联系。

场方程把两个不同对称性的几何–物理量联系起来，这种不协调称为"戈尔迪结"。

检验粒子的运动方程：

(1) 对无自旋粒子，有两种推导方法。①从黎曼流型的短程线方程推得 (几何推导，爱因斯坦)；②利用场方程和连续性性方程，从能量–动量张量的协变守恒律推得 (物理推导，朗道)。

(2) 对有自旋粒子：运动方程中多了一项黎曼曲率与自转流的耦合，对应于局域洛伦兹转动几何量与物理量之间的耦合，类似于带电粒子的洛伦兹力耦合——电磁场与电流的耦合。

在广义相对论场方程中出现两类耦合：不同对称性的几何量和物理量之间的耦合，对称性相同的几何量和物理量之间的耦合。

黎曼曲率与自转流的耦合表示：时空引力的主动性作用于物质转动。物质转动为什么不表现主动性，反过来作用于时空引力场？

时空与物质的作用应当是双向的："物质告诉时空如何弯曲，时空告诉物质如何运动"应当真正实现。

1979 年，邱成桐证明：引力束缚系统的能量为正。黎曼曲率张量表征引力场，应由它构成引力场的能量–动量张量，爱因斯坦引力场方程中为什么不出现引力场自身的能量–动量张量，引力场自身的能量-动量张量是暗的吗？

评注：物质粒子及其能量–动量张量 $T_{\mu\nu}(x)$ 的存在必然诱发宇宙背景场量子

涨落能量偏离平直背景的量子涨落能量，使局域度规 $g_{\mu\nu}(x)$ 偏离平直度规而诱导出非零局域曲率张量并表现为局域引力场 $G_{\mu\nu}(x)$。物质粒子的存在产生引力场的效应已反映在爱因斯坦方程中并表现为"物质使时空弯曲"；而引力场本身的能量–动量张量是时空弯曲的后果而非时空弯曲的先因，因此它不是时空弯曲的物质原因，而不出现在爱因斯坦方程中。

8. 惯性的起源与爱因斯坦的马赫原理

牛顿体系和狭义相对论都以惯性运动和惯性系为基本概念，但都不能解决惯性运动和惯性系的起源问题。

牛顿引进绝对空间 (和绝对时间) 来解决惯性运动和惯性系的起源问题：用水桶实验中加速度来证明绝对空间的存在，惯性运动和惯性系是相对于绝对空间来确定的。但相对性原理排除了相对于绝对空间的绝对速度，也就排除了绝对空间在理论中的地位。

牛顿的绝对空间也与引力理论和宇宙图像矛盾：夜黑 (奥伯斯佯谬) 和引力 (纽曼–希林格) 佯谬。

伽利略用局域船舱坐标系来协调相对性原理与惯性系和绝对空间的矛盾。

评注：局域相对性原理与局域惯性系可以协调起来，由此拼接成弯曲空间的整体 (广义) 相对性原理与整体惯性 (测地线) 运动。洛伦兹–庞加莱引进"以太"来协调相对性原理与惯性系和绝对空间的矛盾，但是单程光速对钟导致的同时性的相对性和洛伦兹协变性，排除了相对于"以太"的特殊速度，从而也排除了"以太"在理论中的地位。

爱因斯坦放弃了"以太"和绝对空间、绝对运动的概念，从相对性原理和单程光速不变假定出发建立了完全排除绝对运动、隐去背景场存在的相对论。但是惯性系的存在和定义仍未解决。相对性原理和单程光速不变假定的物理本质更不清楚。

马赫–爱因斯坦 (《力学史评》) 借助于相对于遥远星体甚至整个宇宙物质的运动来解决惯性和惯性力的起源问题。

评注：不应该从相对于遥远星体乃至整个宇宙物质 (这是背景场的激发态) 的运动来解决惯性和惯性力的起源问题，而应从相对于存在于粒子周围的宇宙量子背景场 (这是量子背景场基态本身) 的运动和相互作用来解决 (激发态粒子的) 质量、惯性、惯性系和引力以及相对性原理的起源问题。微波背景辐射的发现使确定宇宙量子背景场优越参考系在物理上成为可能[2,3]，宇宙物质换成宇宙量子背景场，在宇宙图像中除了宇宙物质和星体外，还包含宇宙量子背景场，这样才能完全贯彻马赫–爱因斯坦的下述伟大思想。

马赫–爱因斯坦思想的伟大之处：①应相对于物质背景去理解质量和惯性起源；②通过自洽的宇宙图像来解决惯性起源、相对性原理与宇宙学的协调问题。惯性定律的起源和惯性质量的起源、惯性运动和惯性系的起源与局域惯性运动 (测地线运动) 和局域惯性系 (与等效原理密切相关) 的起源的既有联系又有区别。爱因斯坦–马赫原理：G 场全部由物体的质量决定，由物质的能量–动量张量决定。

评注：通常物质的能量–动量张量只是 4% 的贡献。或许，由宇宙膨胀诱发的宇宙背景场量子涨落能量减小并对 G 场做出贡献 (暗物质和暗能量的贡献占 96%)。宇宙常数 Λ 代表背景场量子涨落能量减小的贡献而不是量子涨落能量本身的贡献，它也对时空的曲率做出贡献。观测宇宙在时空中的有限性和其中存在激烈的量子涨落必然导致宇宙背景场的膨胀，而维持膨胀的必要条件或膨胀的度量则是量子涨落能量的减小。$\Lambda \sim \frac{1}{R^2}$ 表明，量子涨落能量减小导致的径向辐射效应按平方反比律方式转播，导致正的常曲率反引力[8,9]。

因此，时空弯曲和引力场的出现可能有两个原因：① 粒子激发对应的真空背景缺陷诱导出的真空背景量子涨落能量减小和偏离平直背景的度规用通常的引力场和爱因斯坦方程描述；② 宇宙膨胀诱导出的真空背景量子涨落能量的减小，表现为宇宙常数、暗能量和反引力。

总之，真空背景微观量子涨落能量的时空不均匀性造成时空弯曲，表现为引力场或斥力场。引力是真空背景微观量子涨落能量的时空不均匀性的量子统计学效应[8,9]。

9. 引力理论奇性疑难

1960 年，彭罗斯、霍金提出：在相当普遍的条件下，广义相对论存在时空失去意义的奇性。存在黑洞会收缩为奇点，时间停止了，时空曲率变为无穷大，一切物理定律失去意义。黑洞不会分裂。存在着不在黑洞视界内部，在宇宙大爆炸之初的裸奇点。这表明，经典广义相对论理论体系存在不自洽，不适合极高密度物质。

黑洞物理的成就：黑洞热力学，黑洞与量子论结合，黑洞的熵。

评注：以普朗克时期的时空尺度和能量密度为初始条件的宇宙演化不会出现宇宙初始奇点；考虑引力的微观量子统计力学起源，就不会出现黑洞内部的收缩奇点[8,9]。

10. 量子引力

① 天体黑洞必须考虑引力的量子效应 (1960 年以来)；② 粒子物理的进展要求建立包括引力相互作用的统一理论 (1970 年以来)。

广义相对论的引力场一般不可重整化，不能从高阶发散的量子修正中提取有限的物理效应，广义相对论很可能是一个低能条件下的等效 (唯象) 理论，应当寻找可重整化的量子引力理论。

1970 年，黑洞的量子理论：黑洞附近极强的引力场中存在剧烈的量子涨落，由于量子隧道效应,使粒子有一定概率穿越黑洞,掉进黑洞的粒子可以看成从黑洞中跑出来的粒子的反粒子,该粒子被黑洞散射到远方。

非微扰量子引力,在超弦和广义相对论框架内,对黑洞熵的微观起源的研究表明,黑洞及其引力场不是基本场,可能是一类系统或者有效场。黑洞的量子理论必须考虑引力的量子效应。

宇宙模型需要物态方程,物态方程是多粒子系统的宏观量,不可能是基本场。黑洞理论也表明,黑洞的引力场不是基本场。广义相对论若是有效理论,就不需要重整化,需要寻找作为基本场的可重整化的自洽的引力微观理论。

评注:引力不是基本场,而是真空背景物质在背景出现缺陷 (粒子激发, 出现黑洞) 或宇宙膨胀时,它的微观结构的量子涨落能量减小时,诱导出的数目极大的激发量子组成的量子多体系统的统计热力学结果,因而是涌现现象[8,9].

11. 相对论性宇宙学面临来自观测宇宙学的挑战,面临变革

作为描述时间–空间和宇宙基本规律的相对论体系没有完成,内部不协调,面临挑战,面临变革。

(1) 暗物质 (23%)、暗能量 (73%) 和宇宙加速膨胀表明,宇宙不是渐进平直的,而是渐进常曲率的德西特空间。很多人从动力学方面解释暗物质和暗能量,改变场方程。

(2) 由真空涨落计算的宇宙常数比观测值大 120 个量级,考虑超对称效应后还大几十个量级。普朗克常数、光速、引力常数和宇宙常数构成的无量纲常数是 10^{-120}!

评注:以普朗克时期的时空尺度和能量密度为初始条件,并考虑暴涨的宇宙演化,可给出暗能量密度与真空量子能密度之比为 10^{-122}[8]。

(3) 广义相对论很可能是一种有效理论,它如何在宇宙这个复杂系统中从更基本的理论中涌现出来?

评注:如果引力量子化在普朗克尺度实现,则在粒子物理尺度和宏观物理尺度,引力效应必然是从多体系统中涌现出来的等效理论。宏观引力弱是因为它是极端多体系统的剩余相互作用。广义相对论是一种多体系统的有效理论,不需要、也不可能量子化和重整化?

广义相对论是一种多体系统的有效理论,为什么是规范理论?凡是统一考虑背景与物质相互作用的理论都是规范理论?

规范理论与量子化有必然联系吗?规范理论可量子化 (标准模型),也不可量子化 (引力理论)?固体缺陷的规范理论是宏观理论,不需要量子化。因此,规范理论与量子化没有必然联系。规范理论是统一考虑背景与物质相互作用的理论。

陆启铿从背景场几何及其运动学开始,进而考虑动力学,修改狭义相对论,放

弃度规的欧氏假说，证明存在德西特不变的相对论，进而可以建立局域德西特不变的引力理论和宇宙学。

12. 科学与哲学

"哲学的推论必须以科学的成果为依据"，而"哲学又往往促使科学思想进一步向前发展，它能够在许多可行的路线中间为科学指引一条（最恰当的）路线"（爱因斯坦，《物理学的进化》）。

13. 附录

(1) 关于爱因斯坦相对论给郭汉英教授的信

汉英教授：

最近读了你近期发表的几篇大作，深有感触。纪念爱因斯坦相对论发表100周年的文章很多，但真正有见解、有科学抱负和历史责任感的却很少。你的文章例外，是极少数有系统而又有深刻见解的文章，也是在赞叹爱因斯坦的伟大功绩的同时，更关心爱因斯坦科学事业的发扬、他的哲学遗产的继承和现代物理学的变革的学者的心声。你的许多观点、分析和结论正是我多年思考的问题，因而引起了共鸣。你在《现代物理知识》上的论文十分系统、深刻、重要，在得到广泛读者的同时，也应该引起专业学者的注意。因此，还应在专业学报上发表。

望能提供《2000年弦理论家关于物理学的十大难题》和《Gross 近年关于25个重大科学问题》的资料或索引，以便研读。谢谢。

王顺金

2005 年 10 月 21 日

(2) 悼念郭汉英

中国科学院理论物理研究所郭汉英同志治丧委员会：

惊悉贵所郭汉英教授因病去世，我感到非常沉痛和惋惜。郭汉英教授是我国著名的理论物理学家，他在广义相对论和宇宙学方面的杰出工作给人们留下深刻的印象。他的逝世是我们理论物理学术界的一大损失。

在这不幸的时刻，请转达我沉痛的哀悼之情，并向郭汉英教授的家属表示衷心慰问。

顺致敬礼！

四川大学物理系　王顺金

2010 年 6 月 8 日

14. 结语: 物理学史会记住郭汉英

郭汉英认为加速膨胀宇宙背景的时空是德–西特时空。他和陆启铿一起阐明了德西特时空不仅描述了宇宙学原理, 而且包含了膨胀宇宙中的惯性运动和相对性原理, 宇宙学原理和相对性原理在德西特时空中是统一的, 是两种不同坐标系的选择。在贝尔特拉米 (Beltrami) 坐标系中实现相对性原理, 在共动坐标系中实现宇宙学原理; 共动坐标系的存在表明, 相对论不排除优越参考系, 优越参考系与相对性原理是相容的 (在狭义相对论时空和宇宙学德西特时空都是相容的)。这些工作具有基本的重要性。在物理学的历史平台上, 他对物理学特别是相对论和宇宙学的贡献, 会得到公正的评价, 物理学史会记住郭汉英。

本文作者　王顺金
2012 年 12 月 5 日

参 考 文 献

[1] 郭汉英. 爱因斯坦与相对论体系. 现代物理知识, 2005, 17(5)：22
[2] Batelmann M. Rev. Mod. Phys. 2010, 82：321–382
[3] Fixsen D J, et al. J. Astrophysics, 1996, 473：576
[4] Lu Q L, Chou Z L, Guo H Y. Acta Physica(China), 1974, 23：225; Guo H Y. Science Bulletin, 1977, 22：481
[5] Guo H Y, Huang C G, Xu Z, et al. Mod Phys Lett. 2004，A19：1701
[6] Guo H Y, Huang C G, Xu Z, et al. Phys Lett, 2004，A331：1
[7] 王顺金. 狭义相对论的客观物理与美学修饰. 本书第 12 章
[8] 王顺金. 膨胀宇宙中的真空量子涨落与暗能量. arXiv: 1301. 1291 [physics. gen-ph] 2 Jan 2013
[9] 王顺金. 黑洞和真空的微观量子结构与引力的微观量子统计起源. arXiv: 1212. 5862 [gr-qc] 24 Dec 2012

第 12 章 狭义相对论的客观物理与美学修饰

12.1 引 言

相对论背景时空性质的几何化导致绝对的、完美的相对性原理和作为相对论时空物质基础的真空背景场在物理时空理论中被完全隐去。现代量子论和宇宙学的进展明确显示出真空背景场的存在和它在物理学中的基础作用。现代基础物理学和宇宙学的发展强烈要求再现本来就存在的真空背景场,据此研究其性质以及它的微观、宏观和宇观的时空效应和运动学效应、引力效应和动力学效应。本文在满足相对论时空理论、运动学和动力学的条件下,显式地考虑宏观真空背景场,研究其宏观性质以及它的时空效应、运动学效应等相对论效应的物理基础。这些效应的物质基础是真空背景场对一切物质粒子时空和运动学性质的普遍的、一致的宏观平均影响。本文基于下列天文观测事实: 在 10^{-4} 精度下均匀、各向同性的 2.7K 宇宙微波背景辐射 (CMB) 的发现, 使确定地球相对于真空背景的运动速度成为可能。从 CMB 温度的偶极振幅的测定值 $\Delta T \approx 1.24\text{mK}$, 定出地球相对于真空背景 CMB 的运动速度为 $v_{\text{earth}} \approx (371 \pm 1.5)\text{km/s}$[1,2]。这使得相对论的研究告别了迈克尔逊-洛伦兹-爱因斯坦当年不能确定真空背景参考系的时代[3,5],进入一个正视真空背景真实存在的时代。在这个崭新背景下,人们可以重新审视相对论各种物理效应的物质基础[6],揭示出相对论所包含的客观物理成分和美学修饰成分。

我们的研究从承认真空背景场的存在出发,它是宇宙万物存在的物质背景,是宇宙微波背景辐射的载体。真空背景场是时空效应的物质根源,真空背景参考系是优越的惯性参考系,真实的时空物理效应应该相对于它来考察和确定。相对于背景参考系的运动可以通过观察微波背景辐射的偶极矩来确定。在背景参考系中,光速各向同性、光速不变和光速对钟是物理上真实的和有效的,观察到时空效应也是物理上真实的。假定光速不变性和光速对钟在任何惯性系中成立,在数学上就立即把在真空背景参考系中观察到的时空效应和相应的对称性 (表现为不变的时空度量 $ds^2 = c^2 dt^2 - (dx^2 + dy^2 + dz^2)$) 推广到任何惯性参考系 (表现为不变的时空度量 $ds^2 = c^2 dt'^2 - (dx'^2 + dy'^2 + dz'^2)$), 这导致联系任何两个惯性系的时空变换是洛伦兹变换。这样一来,就可以把背景参考系中的真实的时空效应推广为任何惯性系中的表观的相对论时空效应,并得到用洛伦兹变换表述的绝对的、完美的时空对称性。因此,在任何惯性中成立的光速不变性和光速对钟假定是为了实现绝对的时空对称性这一美学要求的约定,把这个假定推广到任何惯性参考系,就可以把在背景参考系中观察到的真实的时空效应和时空对称性推广到任何惯性系中表观的时空效应和时空对称性。相对论所包含的时空的客观物理成分是在背景参考系中观察到的时空效应和时空对称性,任何惯性系中观察到的时空效应和时空对称性则是美学修饰成分,来自光速不变假定和光速对钟约定。物理时空的对称性是破缺到背景参考系中的相对的、不完美的对称性。绝对的、完美的洛伦兹对称性是相对论作为普适的物理理论对客观物理对称性的美学修饰。基于真空背景场的相对论吸收了洛伦兹相对论的物理内涵和爱因斯坦相对论的美学形式,既揭示了相对论时空的物质基础,又区分开它包含的客观物理成分和美学修饰成分。

12.2 时空几何的物理基础

1. 真空背景场的时空效应: 时空度量和时空几何的物质基础

真空背景场的时–空效应来自它的尺钟效应,可以归结以下几点:

(1) 由真空背景场物质结构的均匀、各向同性和稳定性得出。①相对于真空背景静止的尺的长度 L 是时空平移、空间转动不变的;②相对于真空背景静止的钟 T 是时、空平移不变的;③信号 (光) 在真空背景场中的传播速度 c 是时空平移、空间转动不变的。

(2) 相对于真空背景场以速度 V 运动的尺 L, 比静止的尺沿运动方向的长度 $\tilde{L}_{\|}$ 收缩 γ 倍, 即 $\tilde{L}_{\|} = \gamma L_{\|}, \gamma = \sqrt{1-\beta^2}, \beta = V/c$; 垂直运动方向的长度 $\tilde{L}_\perp$ 不变, 即 $\tilde{L}_\perp = L_\perp$; 因此, 运动尺的长度为 $\tilde{L} = \sqrt{L_\perp^2 + \gamma^2 L_\|^2} = L\sqrt{\sin^2\theta + \gamma^2 \cos^2\theta}, \cos\theta = \dfrac{\boldsymbol{V}\cdot\boldsymbol{L}}{VL}$, 运动不改变直尺的平直性, 只改变直尺的长度和尺子 $\boldsymbol{L}$ 与 $\boldsymbol{V}$ 的夹角 $\tilde{\theta}$, 则

$$\tan\tilde{\theta} = \frac{\tilde{L}_\perp}{\tilde{L}_\|} = \frac{L_\perp}{\gamma L_\|} = \tan\theta/\gamma, \quad \gamma\tan\tilde{\theta} = \tan\theta$$

(3) 相对于真空背景以速度 V 运动的钟 $\tilde{T}$ 比静止的钟 T 变慢 γ 倍, 即 $\tilde{T} = \gamma T$。运动尺钟的以上性质是普适的, 与尺、钟的物质组成、结构无关, 体现了真空背景对运动物质时空结构的普遍影响。

以上关于相对于真空背景场运动的尺钟的基本物理属性是建立时空度量的物理基础。

2. 建立时空度量系统 (时空坐标系) 的条件

(1) 确定空间坐标轴直线的标准: 以光或粒子的惯性运动轨迹作为直线的基准;

(2) 度量空间坐标轴直线的量尺矢量的长度和方向在时空中的变化规律已知;

(3) 确定时间坐标轴线的标准：钟在时空中的变化性质和不同空间点的钟的联系规律已知 (对钟手段 —— 光信号速度已知)。不同时空点的钟的快慢一样，而且启动一致。

只有具备上述条件，即掌握了测量工具尺、钟的性质，才能完成对时空坐标的测量，建立时空坐标系。上述条件要求知道尺、钟的时空平移和转动性质、对钟信号的速度。尺、钟的时空平移、转动性质，通过时空测量变成时空度量 (坐标读数) 的平移、转动性质。

3. 条件具备情况

在背景参考系中，上述条件全部具备；在相对于背景参考系运动的惯性系中，第 1 项的研究已解决了条件 (1)~(3) 中除光速以外的所有条件。下面解决光速问题，这与同时性问题密切相关。

12.3 光速不变性的物理基础

1. 双程光速问题

在相对于背景参考系以速度 V 运动的参考系中设置反射镜以测量双程光速。分别讨论以下情况。

1) 反射镜臂沿运动方向

反射镜臂长 (光程) 相对于背景参考系静止时测量为 L，相对于背景参考系运动时测量为 $\gamma L (\gamma = \sqrt{1-\beta^2}, \beta = V/c)$。

在背景参考系测量往返时间。

往的光速：$c - V$；

往的时间：$t_1 = \gamma L/(c-V)$；

返的光速：$c + V$；

返的时间：$t_2 = \gamma L/(c+V)$；

往返时间：$t = t_1 + t_2 = 2\gamma L/(1-\beta^2)c = 2L/\gamma c$。

在运动参考系测量双程光速。

用缩尺测量缩臂长得到同一读数仍为 L，用变慢 γ 倍的钟测往返时间，时间读数 τ 是 t 的 γ 倍，即

$$\tau = \gamma t = 2L/c \quad (\text{用到前面结果} t = 2L/\gamma c)$$

由此得到运动参考系中测量的双程光速不变仍为 c，则 $2L/\tau = c$。这种测量不需要异地对钟，因此双程光速在一切惯性系中不变性是与同时性无关的相对性原

理，是客观的；而用洛伦兹变换表述的相对性原理与同时性相对性有关的，是表观的，有修饰成分。

2) 反射镜光路垂直运动方向

因臂长与运动方向垂直，故静止时测量为 L，运动时测量也为 L。在背景参考系测量光在反射镜之间的往返时间。因光路是直角三角形的斜边，故

往的光程：$\sqrt{L^2 + (Vt_1)^2}$；

往的时间：$t_1 = \sqrt{L^2 + (Vt_1)^2}/c = L/(c\sqrt{1-\beta^2})$；

返的光程：$\sqrt{L^2 + (Vt_2)^2}$；

返的时间：$t_2 = \sqrt{L^2 + (Vt_2)^2}/c = L/(c\sqrt{1-\beta^2})$；

往返时间：$t = t_1 + t_2 = 2L/(c\sqrt{1-\beta^2})$

在运动参考系测量光速。

垂直运动方向的尺子长度不变，用它测得垂直运动方向同一镜臂读数仍为 L，用变慢 $\sqrt{1-\beta^2}$ 倍的钟测量往返时间，时间读数 τ 是 t 的 $\sqrt{1-\beta^2}$ 倍，即

$$\tau = t\sqrt{1-\beta^2} = 2L/c \quad (\text{用到前面结果} t = 2L/\gamma c)$$

由此得到运动参考系中测量的双程光速仍为 c，则 $2L/\tau = c$。

3) 反射镜沿任意方向 $\bm{n}$：运动速度 $\bm{V}$ 与 $\bm{n}$ 夹角 $\cos\theta = (\bm{n}\cdot\bm{V})/V$

反射镜臂长 L 的方向为 $\bm{n}$，将其分解为垂直和平行于 $\bm{V}$ 的方向。从上述平行和垂直情况的论证可知，光沿垂直和平行 $\bm{V}$ 的方向的速度均为 c，故沿任意方向 $\bm{n}$ 的反射镜的双程光速也为 c。下面具体计算得同一结论。运动镜沿平行方向长度收缩，垂直方向长度不变，因而在背景参考系测量，运动尺的长度为

$$\tilde{L} = \sqrt{(\gamma L\cos\theta)^2 + (L\sin\theta)^2}$$

运动时镜臂 $\bm{n}$ 与 $\bm{V}$ 的夹角 $\tilde\theta$ 满足

$$\tan\tilde\theta = \frac{L\sin\theta}{\gamma L\cos\theta} = \tan\theta/\gamma, \quad (\cos\tilde\theta)^2 = \frac{1}{1+(\tan\tilde\theta)^2} = \frac{(\gamma\cos\theta)^2}{(\gamma\cos\theta)^2 + (\sin\theta)^2}$$

在静止坐标系观测往返时间。

往的光程：$(ct_1)^2 = L_1^2 = (Vt_1)^2 + \tilde{L}^2 + 2\cos\tilde\theta\cdot\tilde{L}\cdot Vt_1$；

往的时间：$t_1 = \dfrac{L}{c}\left\{-\beta\cos\tilde\theta + 2\sqrt{\left[(\beta\cos\tilde\theta)^2 + \gamma^2\right]\left[(\gamma\cos\theta)^2 + (\sin\theta)^2\right]}\right\}\bigg/2\gamma^2$；

返的光程：$(ct_2)^2 = L_2^2 = (Vt_2)^2 + \tilde{L}^2 - 2\cos\tilde\theta\cdot\tilde{L}\cdot Vt_2$；

返的时间：$t_2 = \dfrac{L}{c}\left\{\beta\cos\tilde\theta + 2\sqrt{\left[(\beta\cos\tilde\theta)^2 + \gamma^2\right]\left[(\gamma\cos\theta)^2 + (\sin\theta)^2\right]}\right\}\bigg/2\gamma^2$；

往返时间：$t = t_1 + t_2 = \dfrac{2L}{c}\left\{\sqrt{\left[(\beta\cos\tilde\theta)^2 + \gamma^2\right]\left[(\gamma\cos\theta)^2 + (\sin\theta)^2\right]}\right\}\bigg/\gamma^2$；

可以证明

$$\sqrt{[(\beta\cos\tilde{\theta})^2+\gamma^2][(\gamma\cos\theta)^2+(\sin\theta)^2]}=\sqrt{(\gamma\beta\cos\theta)^2+\gamma^2[(\gamma\cos\theta)^2+(\sin\theta)^2]}=\gamma$$

因此，$t=\dfrac{2L}{\gamma c}$。

在运动参考系测量光速。

用缩尺测量缩臂得到反射镜臂长读数仍为 L，用变慢 $\gamma=\sqrt{1-\beta^2}$ 倍的钟测量往返时间，测得的时间读数 τ 为 t 的 γ 倍，即

$$\tau=\gamma t=2L/c \quad (\text{用到前面结果} t=2L/\gamma c)$$

由此得到运动参考系中的往返光速为 c，则 $2L/\tau=c$。

2. 回路光速问题

把匀速运动的光学回路分解成许多很小的直线段，在每一个直线段测量双程光速，按前节的论证，每一个小段的双程光速均为 c。把所有小直线段加起来，得到整个回路的双程光速仍然为 c。由于每一小段双程光速测量中每一个小段的起点又是终点，把所有小段合起来就变成光沿顺时针传播 1 圈和反时针传播 1 圈，得到绕回路正反各一圈的平均光速为 c。由于回路方位的任意性，回路中光顺时针方向传播 1 圈和反时针方向传播 1 圈应当对称，其平均光速应当相等，因此绕回路 1 圈的光速应当为 c。任意曲线回路是上述小直线段分解的极限。因此，光沿任意回路的光速为 c。

12.4 洛伦兹时空几何的客观物理成分与美学修饰成分

1. 相对于真空背景场静止的坐标系与时空几何

首先建立坐标系：①以光线校准 (x,y,z) 坐标轴，用尺刻度；②用一口时间均匀流逝的钟建立时间轴；③用光速 c 对准空间各点的钟。

确定四维时空的几何：由于真空背景场对静止尺、钟的效应是均匀、各向同性的，光子以恒定速度 c 运动，故光子运动的几何度量为零，且度量对时空平移和空间转动不变，则有

$$ds^2=c^2dt^2-(dx^2+dy^2+dz^2)=0$$

因此，该时空是闵可夫斯基空间。有质量的粒子运动的几何度量非零，其几何度量对时空平移和空间转动也不变，则

$$ds^2=c^2dt^2-(dx^2+dy^2+dz^2)\neq 0$$

12.4 洛伦兹时空几何的客观物理成分与美学修饰成分

因此，任何粒子在该空间中的运动是惯性运动，其共轭的能量-动量四矢具有相对论色散关系，

$$c^4 m^2 = E^2 - c^2 \boldsymbol{P}^2$$

同时性是真实的。

如果假定光速在任何惯性系中都是各向同性的而且数值不变，则可以在任意惯性系中建立坐标系，用光速对钟建立同时性，并进行时空坐标测量，对光子和有质粒子的运动获得形式一样的时空度量，则有

$$\mathrm{d}\tilde{s}^2 = c^2 \mathrm{d}\tilde{t}^2 - (\mathrm{d}\tilde{x}^2 + \mathrm{d}\tilde{y}^2 + \mathrm{d}\tilde{z}^2)$$

由于物理事件的时空度量是客观的与坐标系选择无关的标量，因此 $\mathrm{d}\tilde{s}^2 = \mathrm{d}s^2$，从而有

$$c^2 \mathrm{d}t^2 - (\mathrm{d}x^2 + \mathrm{d}y^2 + \mathrm{d}z^2) = c^2 \mathrm{d}\tilde{t}^2 - (\mathrm{d}\tilde{x}^2 + \mathrm{d}\tilde{y}^2 + \mathrm{d}\tilde{z}^2)$$

数学严格证明：上述不变度量联系的两个参考系 (x, y, z, t) 和 $(\tilde{x}, \tilde{y}, \tilde{z}, \tilde{t})$ 之间的坐标变换必定是洛伦兹变换，相应的时空几何为闵可夫斯基几何。

下面具体讨论两个惯性系的时空几何，以获得直观图像。

2. 相对于真空背景参考系沿 z 方向以速度 V 运动的坐标系的时空几何

①以光线较准 (x, y, z) 坐标轴，用尺刻度；②用一口钟建立时间轴；③用光速对准空间各点的钟，用双程往返光检测空间 z 轴两点的同时性，由于双程光速不变，有往返时间 τ_1、τ_2 表观相等的结果。

在静止系测量往返时间 (前面已计算) 为

$$t = t_1 + t_2 = 2L/(c\sqrt{1-\beta^2})$$

在运动系测量往返时间 (前面已计算) 为

$$\tau = \tau_1 + \tau_2 = t\sqrt{1-\beta^2} = 2L/c$$

因假定往的时间 $\tau_1 = L/c$，故得返的时间 $\tau_2 = L/c$。因此在运动系中检测光速恒定是循环自洽的。由于此时的操作程序和物理手段与静止系一样，在光速不变仍为 c 的假定下，光子的运动和有质量粒子的运动几何与静止坐标系一样，因此，该时空表观上仍是闵可夫斯基空间。但同时性是相对的、表观的，与假定光速不变对钟有关。从静止系测量，沿 z 方向的尺收缩 γ 倍，垂直方向的尺长度不变。因此几何体运动时发生变化——z 向收缩，钟变慢 γ 倍。尺收缩、钟变慢是物理的、客观的、真实的，与静止系中光速均匀、各向同性一起，成为真空背景的基本时空属性。在运动系中，由于假定光速各向同性对钟，同时性是表观的、相对的，如果以原点的钟为基准，则 z 坐标大的地方的钟的表观读数比真实读数小，实际上并不同时。

3. 相对于真空背景参考系沿任意方向以速度 V 运动的坐标系

先按相对于真空背景沿 z 方向以速度 V 运动的情况建立坐标系，再作一个空间转动到 V 方向。

4. 长度、时间和同时性的完全相对性与物理真实性

1) 长度收缩的完全相对性与物理真实性

在相对于背景静止的参考系观测运动系的尺收缩 γ 倍，则 $L_V = \gamma L_0$。

在相对于背景运动的参考系观测静止系的尺：让静止系中长度为 L 的尺的两端经过运动系中同一个钟，这时静止系的钟走动 $T = L/V$，运动系的钟变慢 γ 倍，因而运动系的钟走动时间为 $\tilde{T} = \gamma L/V$。由此得运动系中测得静止的尺的长度为 $\tilde{L} = V\tilde{T} = \gamma L$，也缩短 γ 倍。实际上是自己的钟变慢 γ 倍，因而测得所走的表观距离 $\tilde{L}$ 比 L 缩短了 γ 倍。

由此可见，在相对于背景静止的参考系观察运动的尺缩短是真实的、物理的，而在相对于背景运动的参考系观察静止系中的尺缩短是表观的、非物理的。尺缩短的完全相对性是时间测量的相对性造成 (静止系和运动系各用自己的钟测量时间，而它们实际上是不同的，因而测得的时间读数不同)。

2) 时钟变慢的完全相对性与物理真实性

在相对于背景静止的参考系观测运动系的钟变慢 γ 倍，则 $T_V = \gamma T_0$

在运动系观测静止系的钟：在长度为 L 的运动系的尺的两端观测静止系中的同一个钟，当该钟经过尺的两端时，静止系的钟走动 $T = \gamma L/V$；而运动系的人认为自己的钟走动应为 $\tilde{T} = L/V$，因此，他认为静止系的钟慢了 γ 倍，即 $\tilde{T}_V = \gamma \tilde{T}_0$。其实是钟所经过的尺子两端因运动长度缩短了 γ 倍，而运动系不感觉自己的尺子缩短了 γ 倍，得出静止系时钟变慢了 γ 倍的表观结果。

由此可见，在静止系观察运动的钟变慢是真实的、物理的，而在运动系观察静止系中的钟变慢是表观的、非物理的。钟变慢的完全相对性是长度测量的相对性造成 (静止系和运动系各用自己的尺测量长度，而它们实际上是不同的)。

3) 同时性的完全相对性与物理真实性

静止系中空间各点时钟的同时性：由于在相对于真空背景静止的坐标系中，光速均匀和各向同性是真实的，用光校对空间各点的钟的同时性也是真实的。

运动系中空间各点时钟的同时性：由于光速均匀和各向同性是表观的，用光校对空间各点的钟与原点的钟的同时也是表观的，如 z 轴上坐标绝对值为 $|z|$ 的地方的钟的表观读数比真实读数小 $\Delta t = |z|\left[\dfrac{1}{\sqrt{1-(V/c)^2}} - 1\right]/c$，与原点上钟的时间实际上并不同时。

12.4 洛伦兹时空几何的客观物理成分与美学修饰成分

从闵可夫斯基几何角度看,同时性的相对性更为直观。由于在光速不变假定和光信号对钟约定下,沿 z 轴以相对速度 V 运动的坐标系与静止系之间的变换,在闵可夫斯基空间是在 z-t 平面一个转动。在该平面中,平行于静止系 z 轴的直线(直线上各点在静止系中同时)并不平行于运动系 $\tilde{z}$ 轴(因而在运动系看不同时);反之,平行于 $\tilde{z}$ 轴的直线(该直线上各点在运动系中同时)并不平行于 z 轴(因而在静止系中不同时)。因此,在静止系观测运动系中空间两点同时的钟($\tilde{T}$ 相同,$\tilde{z}$ 不同的钟),这两点并不在 T 等于常数的直线上,因而在静止系看不同时;在运动系观测静止系中空间两点同时的钟(T 相同,z 不同的钟),这两点并不在 $\tilde{T}$ 等于常数的直线上,因而在运动系看并不同时。

上面的分析告诉人们,在光速不变的假定和光信号对钟的约定下,背景场的时空(尺钟)效应就可以用闵可夫斯基几何来表示和概括,不同坐标系中光子和有质量粒子运动几何学就具有相同的形式,因而不同坐标系就具有平等的地位(相对性原理)。不同坐标系中粒子坐标的测量值之间用保持闵可夫斯基度规不变的洛伦兹变换联系起来,而光速以联系空间坐标和时间的普适不变的常数出现,相对于背景场的运动和背景参考系的特殊性就从闵可夫斯基几何中消失了,真空背景场就可以从背景场与尺钟相互作用的复合系统中隐去,只考虑没有真空背景场物质基础的、纯闵可夫斯基几何属性的尺、钟的相对论运动学。这样一来,就可以在尺、钟行为和时空度量中完全隐去真空背景场的存在而不追究其物理效应,达到尺、钟行为的纯时空几何描述和用闵可夫斯基几何坐标变换表述的完全的相对性原理,即没有物质基础的、不能追溯物理原因、不显示真空背景场尺钟效应的时空的纯几何的相对性原理。

包括真空背景场物理(尺钟)效应的时空理论揭示了相对论时空效应的物理基础,即尺、钟行为和时空几何的物理基础(真空背景场的尺、钟效应),这种时空几何包含的客观物理成分和美学修饰成分,以及光速不变性对钟约定和同时性相对性如何产生出时空几何的绝对的、完美的对称性(相对性)。真空背景场的引进使时空的完美的对称性破缺到真空背景参考系,这种参考系处于特殊的地位,从完全平等的坐标系中突现出来成为优越坐标系,光速在其中是均匀的、各向同性的,其尺缩、钟慢的物理效应是真实的。光速不变假定和光速对钟约定使破缺的对称性得以恢复,使四维时空纳入闵可夫斯基几何描述。闵可夫斯基几何的对称性导致用洛伦兹变换表述的绝对的、完美的相对性原理,其代价是隐去了四维时空几何的物理基础——真空背景场的尺、钟物理效应,使四维物理时空变成没有物质基础的纯几何,导致由光速不变假定和光速对钟约定产生出的同时性、尺缩和钟慢的完全相对性等修饰成分和表观现象。

包括真空背景场物理效应的时空理论在传统的相对论时空理论中补充了一句话:相对论的尺、钟行为和时空几何的物理基础是真空背景场的尺、钟效应,完全的闵可夫斯基几何和相对性原理来自光速不变假定和光速对钟约定,它隐去了使时空完美对称性破缺的真空背景场,由此带来同时性和尺缩钟慢的相对性以及闵可夫斯基几何的对称性产生的完全的、绝对的相对性原理——这是物理理论的美学要求,既包含客观物理,又包含美学修饰。

12.5 运动学和动力学的相对性原理的物理基础与物理内涵

本节讨论运动学色散关系、动力学守恒定律和运动方程的完全相对性原理及其物理内涵。

1. **相空间 t-E, r-p 共轭对应关系的物理基础和物理含义**

正确的矢量对应关系如下所示。

坐标空间对应:$x_0 = ct$, x_i

速度空间对应:$u_0 = \dfrac{\mathrm{d}t}{\mathrm{d}\tau}c = \dfrac{\mathrm{d}x_0}{\mathrm{d}\tau}$, $u_i = \dfrac{\mathrm{d}t}{\mathrm{d}\tau}v_i = \dfrac{\mathrm{d}x_i}{\mathrm{d}\tau}$

动量空间对应:$E/c = mc$, $p_i = mv_i$

从四维闵可夫斯基空间不变量可得

坐标空间不变量:$\mathrm{d}s^2 = c^2\mathrm{d}t^2 - \mathrm{d}x_i\mathrm{d}x_i$

速度空间不变量:
$$u_0^2 - u_i^2 = c^2\frac{\mathrm{d}t^2}{\mathrm{d}\tau^2} - \frac{\mathrm{d}x_i}{\mathrm{d}\tau}\frac{\mathrm{d}x_i}{\mathrm{d}\tau} = (c^2\mathrm{d}t^2 - \mathrm{d}x_i\mathrm{d}x_i)/\mathrm{d}\tau^2 = (\mathrm{d}s/\mathrm{d}\tau)^2$$

动量空间不变量:$\left(\dfrac{E}{c}\right)^2 - \boldsymbol{p}^2 = m_0^2c^2$, $E^2 = m_0^2c^2 + \boldsymbol{p}^2c^2$

从四维闵式坐标空间度量的不变量 $\mathrm{d}s^2$ 可以推出坐标空间在动量空间的对应量 $m_0^2c^2$:$\mathrm{d}s^2 \sim m_0^2c^2$。

引进不变静止质量 m_0 后,真空背景对粒子坐标的尺钟效应,就转化为粒子能量–动量的运动学效应。

2. **运动学色散关系 $E = E(\boldsymbol{p}) = \sqrt{m^2c^4 + \boldsymbol{p}^2c^2}$ 的物理基础和物理含义**

因此,动量空间的相对论色散关系是四维闵可夫斯基坐标空间度量的不变量 $\mathrm{d}s^2$ 在动量空间的对应。

在坐标空间把坐标和时间变成一个统一客体 (矢量的分量) 时,需要引进具有速度量纲的常数——光速 c,坐标空间度量的不变性要求光速平移不变、各向同性与坐标系无关;反过来,光速平移不变、各向同性又赋予四维闵可夫斯基空间坐标度量不变量的性质。

在引进固有时 τ 后,又可以从坐标矢量定义速度矢量,确定速度矢量的不变量。在引进动质量 $m(\boldsymbol{p})$ 后,又可以从速度矢量定义动量矢量,确定动量矢量的不变量并引进静止质量 m_0。静止质量 m_0 与固有时对应, 动质量 $m(\boldsymbol{p})$ 与坐标时 t 对应, 即

$$m_0 \sim 1/\tau, \quad m(\boldsymbol{p}) \sim 1/t$$

因此, 真空背景场中的尺、钟时空行为和坐标性质, 与动量空间的四维动量 (能量、动量) 的运动学性质密切相关, 它们有密切的矢量对应关系和不变量对应关系。从这个意义上说, 时空的几何性质决定了其中运动的粒子的运动学性质。真空背景场对尺、钟行为, 即粒子的时间周期性和空间广延性的影响与它对在其中运动的粒子的四维动量的影响, 是它的同一个属性、同一种影响的两种表现。

当把真空背景场对粒子的时间周期性和空间广延性的影响以及对在其中运动的粒子的四维能量--动量的影响, 用四维闵可夫斯基几何的标量 (不变量)、矢量和张量的变换性质来概括时, 可得出两点结论: ①粒子的时空四维坐标和运动学四维能量--动量是几何量 —— 矢量, 而且在四维闵可夫斯基几何的坐标变换下是完全相对的, 它们的客观物理属性包含在其变换性质和不变量之中。②由于真空背景场影响粒子的那些属性完全被四维闵可夫斯基几何属性、变换性质和不变量所取代, 且由于四维闵可夫斯基几何坐标系和坐标变换的完全相对性和平等性, 真空背景场就可以从物理学时空理论和运动学中隐去。即使在研究、描述多粒子系统粒子之间相互作用导致的能量--动量重新分配 (守恒定律和动力学) 时, 也可以隐去真空背景场而只考虑多粒子系统, 它对相互作用粒子系统的影响已通过粒子系统的相对论时空几何和运动学变换完全包括进去了。因此, 真空背景场通过相对论时空几何和运动学来影响相互作用粒子系统的动力学 —— 时空中微分形式的守恒定律。

实际情况是, 在不同背景场中相互作用的粒子系统的运动学和动力学是不同的, 这是因为不同背景场对粒子系统的影响不同, 并通过不同背景场时空的尺钟行为 (时空几何) 和运动学来施加影响。因而, 有公式: 不同背景场 → 不同背景场时空几何 → 不同时间、空间度量 → 不同运动学 (能量--动量色散关系) → 不同的 (关于运动学变量 —— 能量--动量的) 守恒定律形式 → 不同的动力学。

3. 动力学守恒定律的物理基础和物理含义

粒子之间的相互作用, 不涉及粒子系统与真空背景场之间的能量--动量的输入与输出, 只涉及粒子系统内部的能量--动量在粒子之间以及粒子-势场之间分配时的时空分布的变化。在相互作用过程中, 当每个粒子的能量--动量变化时, 由于粒子动质量的变化和势场的变化, 真空与粒子之间要重新调节平衡点, 因此粒子之间在相互作用中的能量--动量交换要通过粒子-真空背景场重新调节平衡点来实现, 把一个粒子的能量--动量转移给另一个粒子。因此, 对于相互作用的粒子系统, 真空背景场只起输运、转移能量--动量的作用, 既不从粒子系统获取能量, 使粒子系统耗散, 也不给予粒子系统能量--动量, 使粒子系统反耗散。可以证明: 粒子系统向

真空背景的耗散是不可能的,反耗散更不可能 (违背能量守恒定律或最可几存在定律:反耗散不是最几过程,而是小几率过程,因而只能是不稳定的涨落过程),真空对粒子表现为超流介质[7]。

上述粒子系统内部的能量-动量在粒子之间以及粒子-势场之间的时空分布的变化,真空背景场通过其准静态的、绝热的中介过程,把一个粒子的能量-动量转移给另一个粒子,重新调节粒子-背景的平衡点,其绝热过程表现为系统的能量-动量守恒的微分方程只涉及粒子自由度。

4. **运动方程的相对论协变性的物理基础和物理含义**

上述粒子系统内部的能量-动量在粒子之间以及粒子-势场之间的时空分布的变化与调整,通过真空背景场把一个粒子的能量 - 动量转移给另一个粒子,并在转移过程中重新调节粒子-背景场之间的平衡点。这一能量-动量转移过程中粒子-背景场之间的平衡点的快速调节过程,在粒子运动的时间尺度上表现为准静态的、绝热的过程,使得粒子-背景场之间始终能维持时空上的局域平衡,使粒子系统所处的时空始终保持闵可夫斯基几何性质,使粒子的能量-动量保持为该空间的局域的矢量性质。这种在局域平衡和局域能量-动量矢量守恒条件下的能量-动量转移,表现为矢量形式的、只涉及粒子坐标的系统的能量-动量守恒的微分形式。因为能量-动量用矢量-张量形式描述,其转移过程始终在闵可夫斯基空间进行,因而也必须用矢量-张量方程的形式表示。所以,描述能量-动量转移和局域守恒的矢量-张量运动方程,在闵可夫斯基空间任意坐标系中的表述都具有相同的形式,这就是运动方程的协变形式和动力学的相对性原理。因此,真空背景对相互作用系统中粒子的、时空局域的能量-动量效应的准静态绝热性质是动力学方程协变性的物质基础。

5. **静止质量 m_0 和运动质量 m 完全相对性的物理含义**

相对于真空背景场静止的参考系 S,静止粒子的质量为 m_0,以速度 V 运动的粒子的质量为 $m_V = m_0/\gamma$,$m_V > m_0$,这些关系具有客观的、物理的真实性。对于相对于真空背景场以速度 V 运动的参考系 $\tilde{S}$ 而言,相对于其静止的粒子的质量为 $\tilde{m}_0$。在运动系中以速度 V 运动的、静止于静止系中的粒子的运动质量为 $\tilde{m}_V = \tilde{m}_0/\gamma(\tilde{m}_V > \tilde{m}_0)$,具有表观的相对性。这种表观的相对性关系是如何产生的?

在参考系 S,以速度 V 运动的粒子其内禀周期 τ_V 是静止时粒子的内禀周期 τ_0 的 γ 倍:$\tau_V = \gamma\tau_0$,因而有 $m_V = h\nu/c^2 = h/c^2\tau_V = (h/c^2\tau_0)/\gamma = m_0/\gamma$。在参考系 $\tilde{S}$,相对于真空背景场以速度 V 运动而相对于 $\tilde{S}$ 静止的时钟的内禀周期 $\tilde{\tau}_0$ 变慢倍:$\tilde{\tau}_0 = \gamma\tau_0$,当用它测量相对于真空背景场静止而相对于 $\tilde{S}$ 以速度 $-V$ 运动

的粒子的内禀周期时，测得的表观值 $\tilde{\tau}_V$ 是实际值 τ_0 的 γ 倍：$\tilde{\tau}_V = \gamma\tau_0$。他不知道自己的钟变慢，认为自己的周期仍为 $\tilde{\tau}_0 \equiv \tau_0$，因此认为相对于他以速度 $-V$ 运动的粒子的内禀周期变慢 γ 倍：$\tilde{\tau}_V = \gamma\tau_0 = \gamma\tilde{\tau}_0$，由此得到粒子的质量大了 γ 倍，即

$$\tilde{m}_V = hc/\tilde{\tau}_V = (hc/\tilde{\tau}_0)/\gamma = \tilde{m}_0/\gamma$$

因此有 $\tilde{m}_V > \tilde{m}_0$。

12.6 结 论

把真空背景场的运动学效应用相对论色散关系来表示和概括后，真空背景场就可以从背景场–粒子相互作用的复合系统中分离出去，只考虑粒子之间的动量–能量交换及其守恒定律。即在运动学、动力学和守恒定律中完全隐去了真空背景场的存在及其物理效应，达到了运动学、动力学和守恒定律的完全相对性原理 —— 即没有真空背景场、没有物质基础的、不能追溯物理原因的、由闵可夫斯基几何对称性产生的完全相对性原理。

包括真空背景场物理效应的运动学和动力学理论，揭示了相对论运动学和动力学的物理基础 —— 运动学色散关系和相对性守恒定律的物理基础，这种运动学色散关系和相对性守恒定律的物理成分和约定成分，其包含的物理真实和表观现象来自对钟约定和同时性相对性产生的完全的几何对称性(相对性)的修饰成分和破缺后的、剩余的、真实的物理对称性成分。真空背景场的引进，使表观的完全对称性破缺成真实的不完全的对称性，从完全平等的坐标系中突显出优越坐标系，并发掘出真空背景场的物理效应以及与它相关的破缺后的、真实的、剩余的物理对称性(剩余对称性)成分。

包括真空背景场物理效应的运动学和动力学理论，在传统的相对论运动学和动力学理论中补充了一句话：相对论的运动学和动力学的物理基础是真空背景场及其运动学效应，完全的相对性原理来自光速不变假定和光速对钟约定和由此而来的同时性的相对性产生的闵可夫斯基几何的、表观的、完美的对称性和相对性。真空背景场时空的真实的对称性是在相对于真空背景场静止的坐标系中看到的、破缺的剩余的对称性；而闵可夫斯基几何表述的时空对称性和相对性原理是在上述基础上的美学修饰。只要人们遵守光速不变假定和光速对钟约定，目前人们广泛使用的相对论就是一个原理简洁、形式优美的科学理论。规范场理论也有类似情况，非物理的美学对称成分帮助它达成完美的规范对称性。普适的科学理论既需要美学修饰去达成原理的简洁和形式的完美，也需要区分完美形式中的客观物理和美学修饰，以突显原理的物质基础，推动理论发展。

自然界具体事物之美常常是破缺的，因为自然界的具体事物是从宇宙普遍物

质的对称性破缺产生的，由此导致物质的分化和世界的多样性。自然界普遍物质的完全的对称性之美的破缺，是该种普遍物质分化产生出世界多样性的根源。

作为普遍的原理性理论，它应囊括、容纳所有事物，允许各种导致事物分化的对称性的破缺 (子群对称性)，因此普遍原理必须包含最大的对称性，才能破缺到一切可能的小的对称性 (子对称性)，展现具体事物和具体物理过程的多样性。

规范协变理论是规范不确定的理论，是能够包含所有一切可能规范的理论，是没有确定具体规范的理论，因而是规范不破缺的理论，是有最大规范对称性的理论。所以，在规范群范围内，它是描述一切可能物理的普遍的理论。然而，规范对称性只有破缺才代表真实物理，从一切可能的物理中挑选出现实的物理[8]。

参 考 文 献

[1] Batelmann M. Rev.Mod.Phys. 2010，82: 321-382
[2] Fixsen D J,et al. J. Astrophysics, 1996,473:576
[3] 爱因斯坦 A. 相对论的意义. 北京：科学出版社，1961
[4] 爱因斯坦 A. 相对论–广义和狭义相对论. 重庆：重庆出版社，2007
[5] 爱因斯坦 A，英费尔德. 物理学的进化. 上海：上海科学技术出版社，1962
[6] 郭汉英. 爱因斯坦与相对论体系. 现代物理知识，2005,5:22-32
[7] 王顺金. 物理真空介质的超流性质. ArXiv:gr-qc/0701155
[8] 王顺金. 关于相对论和引力的思考. 本书第 11 章.

第 13 章 物理真空介质的超流性[①]

13.1 摘　要

相对性粒子的能谱与超导 BCS 理论准粒子的能谱的相似性促使人们猜测：作为背景场基态的相对论性物理真空充满一种超流介质．这一猜测受到下面的论证的强力支持：在真空介质中小于光速运动的粒子，虽然与真空相互作用，但不会感受到摩擦力，因而进行无摩擦的惯性运动．本文不仅建立起真空介质的超流性与能量–动量守恒定律和能量 - 动量相对论性色散关系之间的深刻的内在联系，而且论证指出，相对性原理和物理理论的自洽性要求：洛伦兹–爱因斯坦真空必须充满超流介质，而伽利略–牛顿真空必须绝对空虚。

13.2 正　文

我们宇宙的物理真空的性质是现代粒子物理学和宇宙学的中心课题之一。本文将论证，作为普遍的背景场的相对论性物理真空是一种超流介质．我们的论证基于朗道关于超流问题的天才思想[1,2]的推广。我们的出发点是：①粒子具有相对性能谱；② 物理过程遵守能量–动量守恒定律。结论是：速度小于光速的粒子在真空中的运动必然是无摩擦的惯性运动，相对论性物理真空是一种超流介质。

考虑一个静止质量为 M，运动速度为 V 的粒子，它的能量和动量为

$$E = Mc^2/\sqrt{1-\beta^2}, \quad \boldsymbol{p} = M\boldsymbol{V}/\sqrt{1-\beta^2} \tag{13-1}$$

式中，$\beta = |V|/c$。假定当粒子与真空背景场相互作用时，激发了一个动量为 $\boldsymbol{p}$，能量为 $\varepsilon(\boldsymbol{p})$ 粒子。按照朗道的思想，真空和粒子都具有量子性质，粒子从真空中产生会导致运动粒子的能量、动量向真空介质耗散。当粒子 M 从真空介质中激发出粒子后，它的动量和能量均会损失，使其运动速度变为 $\boldsymbol{V}_1$，动量变为 $\boldsymbol{p}_1$，能量变为 E_1，它们之间满足如下相对论性关系，即

$$E_1 = Mc^2/\sqrt{1-\beta_1^2}, \quad \boldsymbol{p}_1 = M\boldsymbol{V}/\sqrt{1-\beta_1^2} \tag{13-2}$$

式中，$\beta_1 = V_1/c$。按照能量–动量守恒，我们有

$$Mc^2/\sqrt{1-\beta^2} = Mc^2/\sqrt{1-\beta^2} + \varepsilon(\boldsymbol{p}) \tag{13-3}$$

[①]本章基于洛斯–阿拉莫斯论文网站 2007 年的论文：arXiv:gr-qc/0701155

$$MV/\sqrt{1-\beta^2} = MV\bigg/\sqrt{1-\beta_1^2} + \boldsymbol{p} \qquad (13\text{-}4)$$

从式 (13-4) 可得

$$\frac{1}{1-\beta_1^2} = 1 + \left[\frac{M\boldsymbol{V}}{\sqrt{1-\beta^2}} - \boldsymbol{p}\right]^2 \bigg/ M^2 c^2$$

$$= \frac{1}{1-\beta^2} + \left[\left(\frac{p}{Mc}\right)^2 - 2\left(\frac{p}{Mc}\right)\frac{\beta\cos\theta}{\sqrt{1-\beta^2}}\right] \qquad (13\text{-}5)$$

式中，θ 是 $\boldsymbol{V}$ 与 $\boldsymbol{p}$ 之间的夹角：$\boldsymbol{V}\cdot\boldsymbol{p} = VP\cos\theta$。把式 (13-5) 代入式 (13-3)，可得

$$\frac{2Mc^2[VP\cos\theta - \varepsilon(\boldsymbol{p})]}{\sqrt{1-\beta^2}} + \left[\varepsilon(\boldsymbol{p})^2 - c^2 p^2\right] = 0 \qquad (13\text{-}6)$$

式 (13-6) 表示能量–动量守恒对物理过程的约束。只有满足式 (13-6) 的物理过程才是可以实现的.

下面讨论两种情况。

(1) M 是宏观粒子的静止质量，而 $\{\varepsilon(\boldsymbol{p}), \boldsymbol{p}\}$ 是微观粒子的能量和动量. 按照朗道的做法，式 (13-6) 左边第二项可以略去，这导致

$$Vp\cos\theta = \varepsilon(\boldsymbol{p}), \quad V \geqslant \varepsilon(\boldsymbol{p})/p \qquad (13\text{-}7)$$

对于相对论性粒子，我们有 $\varepsilon(\boldsymbol{p}) = pc$ 或 $\varepsilon(\boldsymbol{p}) = \sqrt{m^2 c^4 + c^2 p^2}$，由此得最小比值为

$$[\varepsilon(\boldsymbol{p})/p]_{\min} = c \qquad (13\text{-}8)$$

由式 (13-7) 和式 (13-8) 可得

$$V \geqslant c \qquad (13\text{-}9)$$

式 (13-9) 在相对论性动力学中不可能实现。因此，在真空介质中以小于光速运动的宏观粒子，不可能从真空介质中激发出微观粒子而出现能量、动量耗散，它只能进行无摩擦的惯性运动。

(2) M 和 m 都是微观粒子的静止质量，而且

$$\varepsilon(\boldsymbol{p}) = \sqrt{m^2 c^4 + c^2 p^2}, \quad m \geqslant 0 \qquad (13\text{-}10)$$

由表示能量守恒的式 (13-3) 可得

$$\frac{1}{1-\beta_1^2} = \frac{1}{1-\beta^2} + \left(\frac{m}{M}\right)^2 + \left(\frac{p}{Mc}\right)^2 + \frac{2}{\sqrt{1-\beta^2}}\sqrt{\left(\frac{m}{M}\right)^2 + \left(\frac{p}{Mc}\right)^2} \qquad (13\text{-}11)$$

13.2 正 文

比较式 (13-11) 和表示动量守恒的式 (13-5) 可得

$$\left(\frac{m}{M}\right)^2 = -\frac{2}{\sqrt{1-\beta^2}}\left[\sqrt{\left(\frac{m}{M}\right)^2 + \left(\frac{p}{Mc}\right)^2} + \left(\frac{p}{Mc}\right)\beta\cos\theta\right] < 0 \qquad (13\text{-}12)$$

式 (13-12) 表明,在能量–动量守恒的约束下,式 (13-12) 不可能有粒子静止质量 m 的实数解,故相应的激发微观粒子 m 的物理过程是不能实现的。因此,在真空介质中,运动速度小于光速的微观粒子也不可能从真空介质中激发出微观粒子而出现动量、能量耗散,只可能进行无摩擦的惯性运动.

从上述讨论可以得出结论: 在真空介质中,运动速度小于光速的任何粒子,都不可能从真空介质中激发出粒子而出现动量、能量耗散,只可能进行无摩擦的惯性运动。这一结论是能量–动量守恒定律和相对论性能谱的必然结果。这一结果表明,在能量–动量守恒定律的约束下,相对论性真空介质对于速度小于光速的运动粒子而言,是一种超流介质;与此相反,如果粒子运动速度大于光速,则它将以切连科夫辐射形式向真空损失能量。这就是为什么物理真空介质中运动粒子的速度不能超过光速的物理原因。

上述论证假定真空是一种特殊的介质,粒子在这种介质中运动;论证也是在相对于真空介质静止的参考系中进行的。真空介质对运动粒子的摩擦力和耗散来自粒子与真空介质的相互作用。这种相互作用使快速运动粒子从真空介质中激发出微观粒子而损失能量、动量,然后会逐步慢下来。这是真空介质的摩擦和耗散过程。这里的直观物理图像直接与朗道的物理图像和物理思想相联系。在论证中,只用到能量–动量守恒定律和相对论性能量–动量色散关系,相对性原理和洛伦兹协变性没有明显涉及。

然而,论证也可以按另一种方式进行。这另一种论证,除了基于能量–动量守恒外,还基于特殊相对性原理和洛伦兹变换。假定粒子相对于真空介质静止,其质量为 M。显然,该粒子不可能从真空介质中激发出粒子而保持其静止质量 M 不变。因为新粒子的产生要花费能量 $\varepsilon(p)$,产生新粒子的过程破坏了能量守恒定律,新粒子产生后系统的能量大于产生前的能量: $Mc^2 + \varepsilon(p) > Mc^2$。通过洛伦兹变换,让该粒子以速度 V 相对于真空介质运动。按照爱因斯坦特殊相对性原理,运动粒子和静止粒子一样,应服从相同的物理定律,能量守恒对运动粒子也应成立。因此,运动粒子像静止粒子一样,也不能从真空介质中激发粒子。这意味着,只要运动粒子的速度小于光速 (这是洛伦兹变换对速度的限制),它就会在真空介质中进行无摩擦的惯性运动,因而真空介质是一种超流介质。这时的论证是基于能量–动量守恒定律和特殊相对性原理的,但得到同一结论。很清楚,两种论证是等价的,因为特殊相对性原理和洛伦兹变换导致相对论性能量–动量色散关系,成为第一种论证的基础之一。

特别有趣的是，与洛伦兹–爱因斯坦相对论性真空介质相反，伽利略 - 牛顿真空介质则没有上述超流性质。因为伽利略–牛顿真空介质中产生的粒子的能谱不存在能隙。对上述论点的证明如下。

在伽利略–牛顿真空介质中考虑前面的粒子的运动问题。运动粒子在从真空介质中激发出粒子的前后的伽利略–牛顿能量和动量关系为

$$E = \frac{P^2}{2M}, \quad \boldsymbol{p} = M\boldsymbol{V}; \quad E_1 = \frac{P_1^2}{2M}, \quad \boldsymbol{p}_1 = M\boldsymbol{V}_1; \quad \varepsilon(\boldsymbol{p}) = \frac{p^2}{2m}, \quad \boldsymbol{p} = m\boldsymbol{v} \quad (13\text{-}13)$$

显然，式 (13-13) 表示的能谱中无能隙存在。该过程的伽利略–牛顿能量–动量守恒定律为

$$\frac{1}{2}MV^2 = \frac{1}{2}MV_1^2 + \frac{p^2}{2m}, \quad M\boldsymbol{V} = M\boldsymbol{V}_1 + \boldsymbol{p} \quad (13\text{-}14)$$

从式 (13-14) 得到决定 V_1 的方程，即

$$\left(\frac{M}{m}+1\right)V_1^2 - \left(2\frac{M}{m}V\cos\theta\right)V_1 + \left(\frac{M}{m}-1\right)V^2 = 0 \quad (13\text{-}15)$$

式中，θ 是 $\boldsymbol{V}$ 和 $\boldsymbol{V}_1$ 的夹角：$\boldsymbol{V}\cdot\boldsymbol{V}_1 = VV_1\cos\theta$。式 (13-15) 的解为

$$V_1 = V\left[\frac{M}{m}\cos\theta \pm \sqrt{1-(1-\cos^2\theta)\left(\frac{M}{m}\right)^2}\right]\Big/\left(\frac{M}{m}+1\right) \quad (13\text{-}16)$$

实数条件为 $(1-\cos^2\theta)\left(\frac{M}{m}\right)^2 \leqslant 1$。显然，$\boldsymbol{V}_1$ 依赖 (M,m)，耗散过程由两个量表征：$\boldsymbol{V}_1$ 和 m。考虑简单的可能性 $\theta = 0$。方程 (13-16) 有两种解：①$V_1 = V, p = 0$，因 $\varepsilon(\boldsymbol{p}) = 0$，故没有耗散；②$V_1 = V(M/m-1)/(M/m+1)$，有耗散，耗散能量为

$$\varepsilon(\boldsymbol{p}) = \left[2(MV)^2/m\right]\Big/(M/m+1)^2$$

一般情形，有许多其他可能性，保持 $V_1 < V$ 和 $\varepsilon(\boldsymbol{p}) > 0$。因此，这些过程总是耗散的。至此，我们完成了证明：在伽利略–牛顿真空介质中运动的粒子，由于其能谱不存在能隙，它们会感受到该介质的摩擦力，因此伽利略–牛顿真空介质是耗散性介质而非超流介质.

然而，相对于伽利略–牛顿真空介质静止的粒子，由于能量–动量守恒，将永远保持静止，不出现耗散。通过伽利略变换，静止粒子变成运动粒子，但前面证明运动粒子有耗散，而静止粒子却无耗散；由伽利略变换联系起来的静止粒子和运动粒子服从不同的物理规律。因此，具有介质的伽利略–牛顿真空使伽利略相对性原理遭到破坏。为了保持伽利略相对性原理和牛顿力学的内部自洽性，伽利略–牛顿真空必须空无一物，没有介质的真空自然不会出现摩擦和耗散。

结论: 在遵从相对性原理和能量–动量守恒的条件下, 伽利略–牛顿真空必须空无一物, 而洛伦兹–爱因斯坦真空必须充满超流介质。因为在庞加莱群的框架内, 平移不变性导致能量–动量守恒, 而洛伦兹不变性导致能量–动量色散关系, 因此洛伦兹–爱因斯坦真空介质的超流性是物理真空介质的庞加莱群不变性的必然结果。

致谢: 这项工作得到国家自然科学基金项目 No.10375039 和 90503008, 教育部博士点基金和兰州重离子加速器国家实验室原子核理论基金的资助.

参 考 文 献

[1] Landau L D, Lifshits E M. Statistical Physics. Oxford: Pergamon Press, 1958
[2] Landau L D, Lifshits E M. Statistical Physics. third edition. Oxford: Pergamon Press, 1999

第14章　守恒定律约束的真空量子涨落与量子纠缠和量子同步

量子纠缠的奇特性质和微观粒子的神秘的统计性质都与真空对称性和守恒定律对微观量子涨落的约束有关。本章基于上述观点，用次微观时空的随机涨落模型探讨了守恒律约束的真空量子涨落产生量子纠缠的机制和条件，揭示出真空量子涨落的次微观时空属性与粒子在普通空间的几何相位和粒子的统计性质的关联。本章论述了真空在次微观时空中的量子涨落是物理守恒定律控制下的随机性涨落，正是这种物理守恒定律控制的次微观量子涨落导致量子涨落的严格关联，产生出多粒子系统的微观量子纠缠；进而论证了目前谈论的宏观量子纠缠如何与物理原理和实验事实相矛盾，因而质疑它的存在。猜测所谓实验上观察到的宏观量子纠缠，可能是来自系统中组分粒子的宏观分离运动造成的母系统的量子态塌缩和母系统守恒定律的约束导致的各子系统量子态的概率性量子同步，而不是来自多粒子量子态几率幅叠加产生的微观量子态纠缠。

14.1　量子纠缠

研究量子纠缠的理论意义是通过量子纠缠了解真空量子涨落的性质。

Zeilinger、Zoll 和 Cirac 认为，研究量子纠缠分两个阶段：微观量子纠缠阶段和宏观量子纠缠阶段。

我们先暂时接受国际学术界权威和多数人的观点[1,2]，承认宏观量子纠缠的存在，从而探讨它的产生机制和条件；然后再论证宏观量子纠缠如何与基本理论和实验事实矛盾，因而质疑它的存在。这种研究路线反映了作者研究这一问题的思想历程：开始接受学术权威和多数人的观点，相信宏观量子纠缠的存在；经过长期谨密的研究后发现，它与基本物理学原理和已知实验事实有矛盾，因而怀疑它的存在，并猜测，所谓实验上观察到的宏观量子纠缠，很可能是来自母系统量子态塌缩后由母系统守恒定律控制的各个子系统量子态的概率性量子同步，而不是来自多粒子量子态波函数叠加的量子纠缠。

我们研究量子纠缠的观点如下：

(1) 量子纠缠是量子力学的本质特征之一。它来自量子力学波函数的非定域性导致的多体系统中各个粒子的量子运动状态之间的非定域关联，被人们认为是量子信息在空间传递的资源。

(2) 量子运动的根源在于真空量子涨落对粒子运动的影响。真空量子涨落是连续真空背景场在次微观时空尺度上发生的随机波动与涨落，作为连续场随机波的涨落，波的非定域性自然导致量子涨落的非定域性。因此，在微观尺度有如下因果关系和逻辑关系：量子涨落波的非定域性 → 量子运动波函数的非定域性 → 量子纠缠的非定域性。

因此，微观量子态的非定域性和微观量子纠缠的非定域与微观量子涨落的非定域性相联系，是不成问题的。但是，微观量子涨落如何导致宏观非定域量子纠缠，却是一个不清楚的问题。这涉及量子纠缠产生的机理和条件、宏观量子纠缠如何形成等并不清楚的问题。

14.2 对宏观量子纠缠形成机理的设想

本章十分重视宏观量子纠缠的研究，本节专门讨论它的形成机理。我们先承认宏观量子纠缠是客观存在的，对它形成的机理解释如下：宏观尺度分离的两个粒子的量子态的宏观量子纠缠来自守恒定律约束下的宏观尺度分离的两个伴随着粒子的局域真空微观量子涨落之间的关联。

(1) 真空宏观平稳部分的对称性和相应的守恒定律导致对真空微观量子涨落的约束，产生不同地域的真空量子涨落的关联，表现为多体系统中各粒子量子态之间的纠缠，其因果逻辑是：守恒定律的约束 → 量子涨落的关联 → 量子纠缠。

(2) 纠缠是量子多体系中每个粒子量子态不确定性之间的关联。粒子量子态不确定性来自真空量子涨落，粒子量子态不确定性之间的关联由真空量子涨落的关联产生，而真空量子涨落的关联来自守恒定律对量子涨落的约束。

(3) 用发生在次微观时间的量子涨落过程解释量子纠缠的形成。两粒子系统若具有某些守恒物理量，每个粒子由于与真空涨落背景场交换能量、动量等物理量，其运动是涨落的、不确定的，但两个粒子中的每一个粒子所经受的量子涨落运动之间又必须是关联的，这样才能确保系统的总物理量平均守恒。两个粒子之间的量子涨落运动之间的关联对量子涨落的次微观时间平均之后，表现为量子态之间的纠缠。当两个粒子彼此分离时，伴随它们的局域量子涨落之间存在关联，由于每个粒子的运动速度不能超过光速，随着粒子彼此之间的分离运动，伴随每个粒子的局域量子涨落之间的关联必须不断地、逐步地调整而一直保持下去，以确保系统的总物理量平均守恒，而不因两个粒子的分离运动而破坏。当这种由某种守恒定律维持的、不同地域的、伴随粒子的量子涨落的关联保持到两粒子分离运动达到宏观距离时，对量子涨落次微观时间平均之后，就出现宏观尺度上的、看不到时间过程的、非定域的量子纠缠。

上述论断对微观量子纠缠自然更是成立的，因为量子运动遵守守恒定律，微观尺度内量子涨落是量子运动的基础，微观尺度内量子涨落的关联是守恒定律约束的结果。但是，对宏观量子纠缠则必须假定守恒定律也可以在宏观距离上保持不同地域两个量子涨落的关联。这是一个严峻的、需要理论论证和实验检验的假定。

下面以两粒子系统为例和一个真空量子涨落模型来表述上述想法，对微观量子纠缠和宏观量子纠缠，假定论证都是适用的。

14.3 次微观时空中量子涨落的描述：两个示例

假设：量子多体系统中每个粒子感受的量子涨落的关联是一个在次微观平均涨落周期以内发生的，在次微观时空中量子涨落是可以追踪描述的；但对这个次微观涨落周期平均之后，却表现为超时空的、神秘的多体系统的量子态的纠缠。

例子一：两个自旋为 1/2 的粒子的自旋态纠缠

以自旋为 1/2 的两个粒子的自旋单态 (s=0) 为例。在次微观时空中，真空量子涨落导致两个粒子在真空量子涨落影响下的非定态涨落运动，系统总自旋守恒使两个粒子的次微观自旋态关联起来，应为

$$\chi_+(1,\tau) = \sin(2\pi\tau/T)|1\uparrow\rangle + \cos(2\pi\tau/T)|1\downarrow\rangle \tag{14-1a}$$

$$\chi_-(2,\tau) = \cos(2\pi\tau/T)|2\uparrow\rangle - \sin(2\pi\tau/T)|2\downarrow\rangle \tag{14-1b}$$

其中，τ 是在追踪量子涨落过程的次微观时间尺度上的时间，T 是量子涨落的次微观平均周期。上述涨落波函数的函数结构存在明显的自旋态关联，描述两个粒子的自旋波函数，在角动量守恒控制下的真空量子涨落的影响下非定态涨落运动，保障对次微观时间平均后两粒子波函数的乘积描述自旋单态。两个粒子在角动量守恒控制下的真空量子涨落影响下，二体系统自旋波函数在次微观时间尺度的非定态为

$$\Psi_{s=0}(12,\tau) = \chi_+(1,\tau)\chi_-(2,\tau) \tag{14-2}$$

上述波函数表明，在涨落的次微观时间尺度下，系统总波函数是两个粒子波函数的乘积，系统总的波函数并不反对称化；但这两个费米子的统计关联 (波函数对粒子坐标交换的反对称性) 是通过涨落的次微观周期性来实现：系统的波函数的反对称化来自粒子自旋坐标的交换必须在涨落的 1/4 次微观周期完成，即

$$\Psi_{s=0}\left(2,1,\tau+\frac{T}{4}\right) = -\chi_+(1,\tau)\chi_-(2,\tau) = -\Psi_{s=0}(1,2,\tau) \tag{14-3}$$

因为粒子坐标的交换要通过粒子在空间的物理移动来实现，上述过程表明，对费米子，粒子在空间移动半圈 (从而实现两粒子交换) 的运动必须伴随真空量子涨落完

成 1/4 次微观周期的运动，两者产生的相位均为 π/2，正好使两粒子系统的波函数产生一个总相位 $e^{i\pi} = -1$。因此，粒子在空间移动 1 圈或涨落完成 1/2 周期的运动时在自旋空间产生的相位均为 π。结论：粒子在空间移动 1 周时，自旋为 1/2 的粒子的自旋涨落仅完成半个次微观周期 $T/2$。这与用几何相位的观点考察费米子统计性得出的结论一致：费米子在自旋空间移动 1 圈时，其自旋空间相位变化应为 π。但是，这里把这一属性赋予了自旋为 1/2 的粒子附近的真空的量子涨落的周期性：自旋为 1/2 的粒子在存在量子涨落的自旋空间中移动 1 圈时，其所在处的量子涨落仅完成半个次微观周期。当把次微观真空涨落对时间平均以后，费米子的真空量子涨落的次微观周期性这一属性就遗传给了费米子本身，以费米子在自旋空间移动 1 圈时，其自旋波函数会以几何相 π 的形式出现。因此，费米子的几何相位是其所在的真空量子涨落的次微观周期性的物理效应。这也表明量子涨落的次微观时空的几何是随机几何，应当用统计的方法加以描述；同时表明，真空量子涨落在次微观时空中的随机性严格遵从量子涨落平均后的物理守恒定律，是物理守恒定律控制下的随机性涨落。正是这种物理守恒定律控制的量子涨落导致量子涨落的严格关联，进而产生多粒子系统的量子纠缠。同时，正是真空量子涨落的次微观时空属性，产生出粒子在普通空间的几何相位和相应的粒子的统计法则。

上述量子涨落的次微观关联造成的系统在次微观时空中的量子非定态，对量子涨落次微观时间平均后，导致系统在普通时空中的、保持自旋守恒的定态。实际上，用次微观时间平均公式

$$\frac{1}{T}\int_0^T d\tau \sin\left(2\pi\frac{\tau}{T}\right)\cos\left(2\pi\frac{\tau}{T}\right) = 0, \frac{1}{T}\int_0^T d\tau \sin^2\left(2\pi\frac{\tau}{T}\right) = \frac{1}{T}\int_0^T d\tau \cos^2\left(2\pi\frac{\tau}{T}\right) = \frac{1}{2}$$

(14-4)

对式 (14-2) 进行次微观时间平均后，可得自旋单态波函数，

$$\bar{\Psi}_{s=0}(12) = \frac{1}{2}(|1\downarrow\rangle|2\uparrow\rangle - |1\uparrow\rangle|2\downarrow\rangle) \tag{14-5}$$

上述平均所得的定态的几率丢失了 1/2，其恢复需要考虑相干波振幅 (概率幅) 的保持概率 (能量) 守恒的重新分布的完整动力学。应当注意：对宏观量子纠缠而言，由于两粒子的量子波无空间重叠，在空间不同点的两粒子量子波的相干，只能是发生在次微观时间中量子涨落的关联导致的相干性；而对微观量子纠缠而言，两粒子的量子波有空间重叠，在空间同一区域的两粒子量子波的相干，既可以是发生在次微观空间中量子涨落的关联导致的相干，又可以是发生在次微观时间中量子涨落的关联导致的相干。

例子二：两个光子对的纠缠

假设一个静止的自旋为零的 X 介子衰变成两个运动方向相反的圆偏振光子，

$$X \longrightarrow \gamma(1) + \gamma(2) \tag{14-6}$$

由于系统总角动量为零，两个圆偏振光子的次微观自旋波函数必须是时间关联的，对次微观时间平均后才能保持总自旋为零。具体地，在 X 介子静止系中，它们的非定态的一个右旋和一个左旋偏振波函数的关联形式应为

$$\psi_\gamma(1,\tau) = \left[\cos\left(2\pi\frac{\tau}{T}\right)\boldsymbol{e}_x + \sin\left(2\pi\frac{\tau}{T}\right)\boldsymbol{e}_y\right] \tag{14-7a}$$

$$\psi_\gamma(2,\tau) = \left[\cos\left(2\pi\frac{\tau}{T}\right)\boldsymbol{e}_{-x} - \sin\left(2\pi\frac{\tau}{T}\right)\boldsymbol{e}_{-y}\right] \tag{14-7b}$$

类似例子一，系统总波函数为

$$\Psi_{s=0}(1,2,\tau) = \psi_\gamma(1,\tau)\psi_\gamma(2,\tau) \tag{14-8}$$

x-y 平面垂直于动量方向 z，(x,y) 坐标选择是任意的。$(\boldsymbol{e}_x, \boldsymbol{e}_y)$ 是 x-y 平面内的极化矢量。上述波函数表明，在涨落的次微观时间尺度下，系统总波函数是两个粒子波函数的乘积，总的波函数并不对称化；但两个玻色子的对称性和统计关联是通过涨落的次微观周期性来实现的。系统的波函数的对称化来自粒子坐标的交换在涨落的 1/2 周期完成。两个光子的交换包括坐标、动量和极化矢量的交换 $[(1,x,y) \leftrightarrow (2,-x,-y)]$。涨落完成半个周期和两个光子的交换相关，均产生相位 π，给出系统总相位 $\mathrm{e}^{\mathrm{i}2\pi}$，故有

$$\Psi_{s=0}(2,1,\tau+T/2) = \psi_r(2,\tau+T/2)\psi_r(1,\tau+T/2) = \Psi_{s=0}(1,2,\tau) \tag{14-9}$$

因此，对自旋为 1 的光子，粒子在空间移动 1 周时，真空量子涨落完成 1 个次微观周期。这与用几何相位的观点考察玻色子统计性得出的结论一致：玻色子在自旋空间移动 1 圈时，其自旋空间的相位变化应为 2π。但是，这里把这一属性赋予了自旋为 1 的粒子附近的真空的量子涨落的次微观周期性：自旋为 1 的粒子在自旋空间中移动 1 圈时，其所在处的量子涨落完成一个次微观周期。当把真空涨落对次微观时间平均后，玻色子的真空量子涨落的次微观周期性的这一属性就遗传给了玻色子本身，以玻色子在自旋空间移动 1 圈时，其波函数会以内禀几何相位 2π 的形式出现。因此，玻色子的内禀几何相位也是其所在处的真空的量子涨落次微观周期性的物理效应。

真空对称性和相应的守恒律产生的上述量子涨落的次微时空观关联导致的系统在次微观时空中的量子非定态，按照类似例子一的计算，式 (13-8) 对量子涨落次微观时间平均后，导致双光子系统在普通时空中的自旋单态，

$$\bar{\Psi}_{s=0}(12) = \frac{1}{2}\left[-\boldsymbol{e}_x(1)\boldsymbol{e}_{-x}(2) + \boldsymbol{e}_y(1)\boldsymbol{e}_{-y}(2)\right] = -\frac{1}{2}\left[L_-(1)R_+(2) + R_-(1)L_+(2)\right] \tag{14-10}$$

其中，在一定极化基矢下的右旋态和左旋态为 $(-x,-y$ 对应 $-p)$

$$R_+ = [\boldsymbol{e}_x + \mathrm{i}\boldsymbol{e}_y]/\sqrt{2}, \quad R_- = [\boldsymbol{e}_{-x} + \mathrm{i}\boldsymbol{e}_{-y}]/\sqrt{2} \tag{14-11a}$$

$$L_- = [e_{-x} - \mathrm{i}e_{-y}]/\sqrt{2}, \quad L_+ = [e_x - \mathrm{i}e_y]/\sqrt{2} \tag{14-11b}$$

$\bar{\psi}_{s=0}$ 对两个光子坐标的交换 $(1,x,y) \leftrightarrow (2,-x,-y)$ 仍是对称的。上述平均后的定态的概率丢失了 $1/2$，其恢复需要考虑次微观时空中相干波振幅 (概率幅) 的保持概率 (能量) 守恒的重新分布的完整动力学。

14.4 次微观量子涨落动力学

1. 一个模型：真空量子涨落影响下，两个自旋为 $1/2$ 的粒子系统的自旋态的纠缠

设在磁场中两个自旋为 $1/2$ 的粒子，感受到同一真空量子涨落的扰动，每个粒子的随机哈密顿量为

$$H = B\sigma_z + f\sigma_x \tag{14-12}$$

其中，f 为白噪声量子涨落随机扰动。

$$\langle f \rangle = 0, \quad \langle f^2 \rangle = 1, \quad \langle f^{2n+1} \rangle = 0, \quad \langle f^{2n} \rangle = N_n \langle f^2 \rangle^n = N_n \tag{14-13}$$

2. 定态问题

1) 存在量子涨落的哈密顿量的本征解

本征方程

$$H\psi_\mu = E_\mu \psi_\mu \tag{14-14}$$

可以通过幺正变换

$$\psi_\mu = U\bar{\psi}_\mu \tag{14-15a}$$

$$\boldsymbol{U} = \mathrm{e}^{\mathrm{i}\alpha\sigma_y/2} = \begin{bmatrix} \cos(\alpha/2) & \sin(\alpha/2) \\ -\sin(\alpha/2) & \cos(\alpha/2) \end{bmatrix} \tag{14-15b}$$

把哈密顿量对角化，则有

$$\bar{H}\bar{\psi}_\mu = E_\mu \bar{\psi}_\mu \tag{14-16a}$$

$$\bar{H} = \boldsymbol{U}^{-1} H \boldsymbol{U} = (B\cos\alpha + f\sin\alpha)\sigma_z + (B\sin\alpha + f\cos\alpha)\sigma_x \tag{14-16b}$$

设 σ_x 项系数为零，则有

$$B\sin\alpha + f\cos\alpha = 0, \quad \tan\alpha = -\frac{f}{B} = -f \tag{14-17a}$$

$$\sin\alpha = \pm\sqrt{1-\cos^2\alpha} = \pm(f/B)\sqrt{\frac{1}{1+(f/B)^2}}, \quad \cos\alpha = \pm\sqrt{\frac{1}{1+(f/B)^2}} \tag{14-17b}$$

则对角化后的哈密顿量为

$$\bar{H} = \boldsymbol{U}^{-1} H \boldsymbol{U} = (B\cos\alpha + f\sin\alpha)\sigma_z = B\cos\alpha \left[1 - \tan^2\alpha\right]\sigma_z \tag{14-18}$$

其本征解为

$$\bar{\psi}_+ = |+\rangle = \begin{bmatrix} 1 \\ 0 \end{bmatrix}, \quad \bar{\psi}_- = |-\rangle = \begin{bmatrix} 0 \\ 1 \end{bmatrix} \tag{14-19a}$$

$$E_\pm = \pm E, \quad E = B\cos\alpha\left[1 - \tan^2\alpha\right] \tag{14-19b}$$

由 $\langle f \rangle = 0$ 知 f 正负取值是对称的,可知 α 的周期为 $[-\pi, \pi]$。由 $\mathrm{d}f = \sec^2\alpha\, \mathrm{d}\alpha$ 知,若 f 是白噪声,其概率分布(测度)为常数,则 α 的概率分布(测度)正比于 $\sec^2\alpha$。由此,求得量子涨落影响下的自旋本征态解为

$$\psi_+(\alpha) = U\bar{\psi}_+ = \cos(\alpha/2)|+\rangle + \sin(\alpha/2)|-\rangle \tag{14-20a}$$

$$\psi_-(\alpha) = U\bar{\psi}_- = -\sin(\alpha/2)|+\rangle + \cos(\alpha/2)|-\rangle \tag{14.20b}$$

$$\psi_-(-\alpha) = U\bar{\psi}_- = \sin(\alpha/2)|+\rangle + \cos(\alpha/2)|-\rangle \tag{14.20c}$$

2) 对涨落平均后的量子本征解

作为 f 的函数的 $\sin\alpha$ 和 $\cos\alpha$ 也是随机变量,他们对真空涨落平均可表示为对角度的平均。由于 α 的周期为 $[-\pi, \pi]$,其概率测度 $\sec^2\alpha$ 为 α 的偶函数,可知,

$$\langle\sin\alpha\rangle = \frac{1}{2\pi}\int_{-\pi}^{\pi}\sin\alpha\, \mathrm{d}\mu(\alpha) = 0, \quad \langle\cos\alpha\rangle = \frac{1}{2\pi}\int_{-\pi}^{\pi}\cos\alpha\, \mathrm{d}\mu(\alpha) = 0 \tag{14-21}$$

对真空涨落平均后可得自旋量子本征解

$$\langle\psi_+\rangle = \langle\cos(\alpha/2)\rangle|+\rangle, \quad \langle\sin(\alpha/2)\rangle = \frac{1}{2\pi}\int_{-\pi}^{\pi}\sin(\alpha/2)\, \mathrm{d}\mu(\alpha) = 0 \tag{14-22a}$$

$$\langle\psi_-\rangle = \langle\cos(\alpha/2)\rangle|-\rangle, \quad \langle\cos(\alpha/2)\rangle = \frac{1}{2\pi}\int_{-\pi}^{\pi}\cos(\alpha/2)\, \mathrm{d}\mu(\alpha) \neq 0 \tag{14-22b}$$

$$\langle E_\pm\rangle = \pm B\langle\cos\alpha(1 - \tan^2\alpha)\rangle = 0 \tag{14-23}$$

这表示,真空涨落影响下的平均自旋本征态存在塞曼能级简并(沿 z 轴的外磁场 B 正负对称的随机涨落抵消,导致塞曼能级简并)。

14.4 次微观量子涨落动力学

3) 二粒子系统的自旋态

(1) 自旋单态。考虑二粒子系统的量子涨落影响下的自旋单态：假定两个粒子感受的涨落相同，设系统的在角动量守恒控制下的量子涨落影响下的自旋单态随机波函数为

$$\Psi_0(12) = \psi_+(1,\alpha)\psi_-(2,\alpha) \tag{14-24}$$

用公式

$$\cos^2(\alpha/2) = \frac{1}{2}(1+\cos\alpha), \quad \sin^2(\alpha/2) = \frac{1}{2}(1-\cos\alpha) \tag{14-25}$$

和

$$\langle \cos^2(\alpha/2) \rangle = \langle \sin^2(\alpha/2) \rangle = \frac{1}{2} \tag{14-26}$$

得到平均后系统的自旋单态为

$$\langle \Psi_0(12) \rangle = \langle \psi_+(1,\alpha)\psi_-(2,\alpha) \rangle = \langle \cos^2\alpha/2 \rangle |+-\rangle - \langle \sin^2\alpha/2 \rangle |-+\rangle \\ = \frac{1}{2}(||+-\rangle - |-+\rangle) \tag{14-27}$$

显然保持自旋单态量子数守恒，且具有粒子交换的反对称性。

上述量子涨落影响下的次微观自旋单态 $\Psi_0(12)$ 还具有如下变换定义的、更深刻的反对称性。

$$\Psi_0(2,\alpha+\pi;1,\alpha+\pi) = -\Psi_0(1,\alpha;2,\alpha) \tag{14-28}$$

上述变换定义的反对称性的物理内容是：自旋为 1/2 的粒子在自旋空间绕 1 圈后在自旋空间产生的相位和伴随的真空量子涨落在自旋空间产生的相位增量均为 π；粒子在空间的位置交换 (粒子各绕半圈) 在自旋空间产生的相位和伴随的真空量子涨落在自旋空间产生的相位增量均为 $\pi/2$，二者一起导致波函数反号，即导致波函数的反对称性。因此有结论：费米子在空间的闭合轨道运动的周期和该轨道内的真空量子涨落的周期性是关联的 (很像玻尔的经典量子化：相空间的闭合轨道与其所容纳的量子德布罗意驻波波长有关联)。正是这种粒子自旋的平均运动和涨落运动、规则运动和随机运动之间的关联性导致费米统计 (若自旋为 1/2 或半整数) 和波色统计 (若自旋为 0, 1 或整数)。粒子的微观统计性来自粒子平均规则运动和随机量子涨落运动之间的相位关联，而这种关联来自守恒定律控制下的真空量子涨落的关联。

(2) 自旋三态。考虑真空量子涨落影响下系统的随机自旋三态

$$\Psi_1(12) = \psi_+(1,\alpha)\psi_-(2,-\alpha) \tag{14-29}$$

对涨落平均后的自旋三态有交换对称性

$$\langle \Psi_1(12) \rangle = \langle \psi_+(1,\alpha)\psi_-(2,\alpha) \rangle = \langle \cos^2\alpha/2 \rangle |+-\rangle + \langle \sin^2\alpha/2 \rangle |-+\rangle$$

$$= \frac{1}{2}(|+-\rangle + |-+\rangle) \tag{14-30}$$

显然也保持自旋量子数守恒,但对于粒子交换具有对称性,而非反对称性。但是上述量子涨落影响下的自旋三态 $\Psi_1(12)$ 却没有与量子涨落自旋单态 $\Psi_0(12)$ 相似的、更深层次的对称性。

$$\Psi_1(2, \alpha+\pi; 1, \alpha+\pi) \neq -\Psi_1(1, \alpha; 2, \alpha) \tag{14-31}$$

这表明,如我们此处所考虑的情况,当系统只存在自旋自由度而没有别的自由度时,对量子涨落自旋三态,粒子在空间的位置交换和相对应的真空量子涨落在自旋空间产生的相位增量 ($\pi/2$) 二者一起并不导致波函数的任何对称性,因而这一量子涨落影响下的自旋三态不是二粒子系统的物理自旋态,不能描述二费米系统,尽管它对次微观的平均给出具有粒子交换的对称性和总自旋守恒的自旋态。这与通常的量子力学结论一致:自旋三态在只存在自旋自由度或者二粒子的其他自由度的状态相同时,不能作为费米子的物理态,因为它不满足统计法则。这些论断显示,次微观量子态的对称性和统计法则对于判定物理粒子态的对称性和统计法则的独特性。

3. 时间有关描述:与定态随机涨落模型的关系

时间有关薛定谔方程

$$i\frac{\partial \psi(\alpha,t)}{\partial t} = H\psi(\alpha,t) \tag{14-32}$$

定态解

$$\psi_+(\alpha,t) = e^{-iEt}[\cos(\alpha/2)|+\rangle + \sin(\alpha/2)|-\rangle] \tag{14-33a}$$

$$\psi_-(\alpha,t) = e^{iEt}[-\sin(\alpha/2)|+\rangle + \cos(\alpha/2)|-\rangle] \tag{14-33b}$$

把量子随机涨落用周期运动的次时间过程来模拟,设 $\alpha = \omega\tau$,则

$$\psi_+(\alpha,t) = e^{-iEt}[\cos(\omega\tau/2)|+\rangle + \sin(\omega\tau/2)|-\rangle] \tag{14-34a}$$

$$\psi_-(\alpha,t) = e^{iEt}[-\sin(\omega\tau/2)|+\rangle + \cos(\omega\tau/2)|-\rangle] \tag{14-34b}$$

因为 τ 是量子涨落的次微观时间,t 是通常时间,在 τ 的一个周期 T 内 t 基本不变,不失一般性可考虑 $t = 0$;而 $\cos(\alpha/2), \sin(\alpha/2)$ 的周期为 4π,α 的取值范围必为 $[0, 4\pi]$,因而 $\omega T = 4\pi, \omega = 4\pi/T$,所以

$$\psi_+(\alpha,t) = \cos(\omega\tau/2)|+\rangle + \sin(\omega\tau/2)|-\rangle = \cos(2\pi\tau/T)|+\rangle + \sin(2\pi\tau/T)|-\rangle \tag{14-35a}$$

$$\psi_-(\alpha,t) = -\sin(\omega\tau/2)|+\rangle + \cos(\omega\tau/2)|-\rangle = -\sin(2\pi\tau/T)|+\rangle + \cos(2\pi\tau/T)|-\rangle \tag{14-35b}$$

式 (14-35a) 和式 (14-35b) 正是第 III 节次微观时间量子涨落模型中的式 (14-1a) 和式 (14-1b)。

14.5 守恒定律与量子涨落关联和量子纠缠的关系的深入分析

从上两节的模型研究，我们可以对守恒定律、量子涨落的关联与量子纠缠得出一些观点。在这节的讨论中，我们仍假定宏观量子纠缠存在。

1. 量子纠缠的本质是守恒律导致的量子涨落的关联在多粒子量子态上的表现

在平稳真空背景的对称性和守恒定律约束下的真空量子涨落，导致量子涨落在微观和宏观尺度上的关联，并表现为多粒子系统中各个粒子量子态之间在微观和宏观尺度上的关联与纠缠。这是真空背景平均属性与涨落属性的内在联系的体现，也是整个系统的守恒定律对各个粒子的量子态的约束的表现。只有真空对称性和守恒定律约束下的量子涨落关联和量子纠缠，才是物理上可实现的。如果没有来自真空对称性和守恒定律的约束，真空量子涨落就不能维持在微观和宏观尺度上的关联性，因而就不会造成在它影响下的多体系统中各个粒子量子态之间在微观和宏观尺度上的关联与纠缠。与守恒定律的成立所要求的条件一样，量子纠缠的维持要求系统的对称性、整体性、封闭性等条件。这一条件的破坏，会导致守恒律、量子涨落关联性和量子纠缠的丧失。量子纠缠是系统整体守恒定律对系统各部分子系统量子态的约束，发生纠缠的各个部分子系统必须丧失个体的守恒定律才能以纠缠的方式维持整体的守恒定律。因此，发生纠缠的每个粒子必须失去某些守恒量；每个粒子所有量子数都守恒的多体系统 (独立粒子系统) 是不可能发生纠缠的。统计法则要求的多体系统波函数的完全反对称性或对称性，造成全同性纠缠。失去某些守恒量子数的每个粒子通过真空量子涨落而交换该量子数所代表的物理量，从而维持该物理量的整体守恒。因此，量子纠缠是某种物理运动在守恒定律约束下，通过真空量子涨落而实现的该种运动的物理量在粒子之间进行的特定交换，从而实现该运动物理量整体守恒的表现。

2. 量子纠缠的宏观非定域性是靠粒子分离运动造成的真空量子涨落的宏观关联，而量子涨落的宏观关联是宏观守恒定律作用的结果

由于两个粒子的量子态之间的量子纠缠来自每个粒子所在处的局域真空量子涨落之间的关联。因此粒子之间的量子态纠缠的非定域性来自粒子各自的真空量子涨落关联的非定域性。真空量子涨落关联的宏观非定域性，即宏观分离的空间两点的真空的量子涨落是如何建立起关联？首先，粒子或多粒子系统与其周围的局域真空的量子涨落必须建立起关联，才能保持多粒子系统的总量子数守恒。当两个粒子在微观的空间区域建立起一个具有某些真空对称性所允许的守恒量子数的系统

时,就与该二粒子系统所在区域的真空的量子涨落建立起关联:该处的真空量子涨落必须保持该二体系统的总量子数守恒;当这两个粒子分离时,这一与粒子系统相关联的真空微观涨落就随粒子的分离运动,而分离成两个分别追随每个粒子而又相互关联的局域真空量子涨落。这两个局域的真空量子涨落既与其所拥载的粒子建立起关联,又同时通过系统总的守恒定律的约束而彼此之间建立起关联。因而,具有总体守恒量子数的两粒子系统,随着粒子的宏观分离运动,就使追随每个粒子的两个局域真空量子涨落之间建立起宏观关联。因此,具有总体守恒量子数的两粒子系统,随着两个粒子的宏观分离运动,通过追随粒子的两个局域真空的量子涨落之间的宏观非定域关联,造成它们的量子态之间的宏观非定域关联和纠缠,以保障系统总的量子数守恒 (或相应的平均物理量守恒)。

无论微观量子纠缠,还是宏观量子纠缠,都是由守恒律约束的量子涨落关联产生的:首先产生微观量子纠缠,然后通过粒子分离运动形成宏观量子纠缠。

3. **量子涨落非定域性关联的物理根源 —— 微观真空背景的平均对称性导致的守恒定律**

两个在不同宏观地域的粒子为什么会感受到相同的或关联的真空量子涨落?这是因为,真空量子涨落必须保持宏观平均的物理定律成立,即保持能量、动量、角动量等物理量宏观平均守恒。这一要求使得两个在不同宏观地域的粒子感受到相同的或关联的真空量子涨落,以保证该粒子系统的能量、动量、角动量等物理量宏观平均守恒。这一性质导致多粒子系统中每个粒子的量子态之间的纠缠。多粒子系统量子纠缠的奇特性质是:多粒子系统中每个粒子的量子态是关联不确定的 (或关联涨落的),以保证整个系统有好的守恒物理量。简言之,多体系统每个粒子的量子态的不确定性来自真空量子涨落对每个粒子的扰动,量子态的这种不确定性和关联性则来自量子涨落的随机性和关联性,而真空量子涨落的关联性又是系统的整体对称性导致的物理量平均守恒这一约束产生的。

能量守恒 (相互作用) 导致的多粒子系统中单粒子能量量子态的纠缠:相互作用导致每个粒子量子运动状态能量的不确定性,但这种不确定性又必须是关联的,以保证系统总能量平均守恒。

角动量守恒导致的多体系统中单粒子的磁量子态的关联与纠缠:每个粒子的磁量子数是不确定、涨落的,但每个粒子的磁量子数的不确定性与涨落又必须是关联的 (表现为 C—G 系数关联),以保证系统的总角动量守恒。

特别值得注意的有两个问题。①统计守恒 (置换对称性) 导致的多体系统中单粒子量子态的关联与纠缠问题:每个粒子的量子态是置换不确定的,但每个粒子的量子态的置换不确定性又必须是关联的 (置换对称性关联或置换宇称关联),以保证整个系统具有确定的置换对称性,因而保证系统的统计性守恒。粒子在空间的置换运动与该空间的量子涨落运动的关联导致统计守恒。但是，统计对称性及其守恒定律在本质上是微观的，其成立条件是各粒子的波函有空间重叠。从这个意义上说，不存在宏观的统计守恒量，因而也不存在统计守恒量约束下的宏观的量子统计态纠缠，即不存在全同性（统计）导致的宏观量子统计态纠缠。②什么物理因素导致各种类型的纠缠态中各粒子量子态的不确定性和纠缠？能量守恒属于相互作用这一物理因素，但角动量守恒、统计守恒等，哈密顿量中却没有明显的导致粒子的这些量子态不确定性的物理因素。就纠缠叠加态每一项的量子态波函数而言，其能量、角动量、统计性都不是守恒的，而且是不确定的、涨落的。因此，相互作用或势能并不是量子纠缠态中单粒子量子态不确定性的唯一的物理原因，量子纠缠态中单粒子量子态不确定性的真正的、共同的物理原因是：真空量子涨落包含能量、动量、角动量和统计性（与前面讨论的次微观量子涨落的周期性有关）等一切微观量子运动的量子涨落，而控制和约束这些量子涨落使其关联起来的物理因素则是它们对应的对称性和守恒定律。问题是，哪些守恒律能够维持量子涨落在宏观尺度上的整体有效性，并进而保持量子纠缠到宏观尺度，产生宏观量子纠缠？

14.6　可引出的物理结论

如果从上述观点是正确的，则从它得出的物理结论应与现有理论协调，并与现有实验符合。如果上述观点是新颖的，则从它应得出可以用实验检验的新的物理结论。

如果量子纠缠是靠守恒律监督下的真空量子涨落的关联来实现的，则有下述物理结论：

(1) 量子纠缠态必须具有真空对称性和系统哈密顿量对称性确定的守恒量，只有真空对称性和守恒定律约束下的量子关联和纠缠，才是物理上可实现的；

(2) 为了避免量子态衰变导致的量子纠缠的破坏，稳定的量子纠缠态应当是系统的基态，或者基态量子纠缠是特别稳定的；

(3) 凡是影响真空量子涨落的物理因素，也会影响量子纠缠。如卡西米尔效应，腔场量子电动力学效应等会改变真空量子涨落，因而会影响量子纠缠。此外，改变真空对称性的物理环境也会改变相应守恒量导致的量子态纠缠。

14.7　量子涨落的整体性和对宏观量子纠缠的质疑

1. 量子系统的整体性和系统中量子涨落的整体性

对基本粒子，粒子的空间整体性尺度由粒子的康普顿波长决定，并成为粒子内部量子涨落的空间尺度和粒子内部定域能量（静止质量）的量度。

对复合粒子，系统中组分粒子量子波的空间尺度应与系统整体性量子涨落波的空间尺度一致，才能保证量子系统各组分粒子由量子涨落联系起来并成为整体量子系统。具体说来，下述量子系统都满足量子涨落整体性要求。

强子夸克系统：
量子涨落波的空间尺度：$\lambda = 10^{-13}$cm
夸克波的空间尺度：$\lambda = 10^{-13}$cm
原子核系统：
量子涨落波的空间尺度：$\lambda = 10^{-12}$cm
核子波的空间尺度：$\lambda = 10^{-12}$cm
原子系统：
量子涨落波的空间尺度：$\lambda = 10^{-8}$cm
电子波的空间尺度：$\lambda = 10^{-8}$cm
玻色-爱因斯坦凝聚系统：
量子涨落波的空间尺度：$\lambda = 10^{-4}$cm
原子波的空间尺度：$\lambda = 10^{-5}$cm
用两个 Josephson 结分隔形成的 Cooper 电子对岛所做的宏观量子相干实验：
系统量子涨落空间尺度：$\lambda = 10^{-4}$cm
电子对波的空间尺度：$\lambda = 10^{-4}$cm

上述量子系统都满足系统的量子涨落尺度与系统的组元粒子量子波尺度一致的量子涨落的整体性条件，守恒定律约束下的量子涨落会导致量子纠缠。

2. 量子涨落整体性的物理内涵 —— 对宏观量子纠缠的理论质疑

量子系统整体性靠同一量子涨落环境来维持，系统守恒量由真空背景的对称性决定，构成对系统中整体量子涨落的约束。

量子系统的衰变和破碎导致该系统量子涨落在宏观尺度的破碎和碎片之间的宏观分离，碎片不再组成一个整体量子系统，各个碎片有各自的局域量子涨落环境和真空背景及其守恒量。若碎片之间有相互作用，则成为经典势，碎片组成经典系统；若碎片之间无相互作用，则各碎片成为相互独立的自由粒子系统。两种情况，都不存在各碎片之间的由整体量子涨落关联导致的量子纠缠，只存在守恒律控制下各子系统的量子概率性同步，不同于量子态概率幅叠加的量子纠缠。

量子系统的衰变和破碎导致量子系统哈密顿量的破碎，引起量子态塌缩和退相干，出现母系统的守恒律控制下的各子系统量子态的概率性量子同步。粒子在宏观尺度上的分离会导致量子系统哈密顿量的破碎，出现上述情况。

从上述理论分析的意义上说，不存在宏观量子纠缠，只存在宏观量子同步。理由如下：宏观量子纠缠，要求把宏观分离的各碎片看成一个整体的量子系统。然而母系统的真空环境的对称性和守恒律，与子系统各个碎片的真空环境的对称性和守恒律是不同的,因而母系统的量子涨落不同于各个子系统的量子涨落;在宏观尺度不存在把各个子系统的微观尺度的量子涨落包容起来的宏观量子涨落。因此,宏观量子纠缠违背了量子系统整体性对系统的量子涨落整体性的要求,导致理论和逻辑上的矛盾。

3. 光子和电子的自旋态实验 —— 对宏观量子纠缠的实验质疑

先分析光子和电子的自旋态实验。

光子偏振态实验:

(1) 线偏振实验:让一束光先通过一个竖直线偏振片后,再通过其后一定距离处放置的水平线偏振片。通过第一个竖直线偏振片后的光子具有竖直线偏振态,如果它们在从第一偏振片到第二偏振片的自由运动中保持已获得的竖直线偏振态,则它们就完全不可能通过其后放置的水平线偏振片。因此检测第二个偏振偏后面有无光子,就可以判断光子在自由运动中是否保持线偏振状态不变。

(2) 圆偏振实验:让一束光先通过一个左旋偏振片后,再通过其后一定距离处放置的右旋偏振片。通过第一个左旋偏振片后的光子具有左旋偏振态,如果它们在从第一偏振片到第二偏振片的自由运动中保持已获得的左旋偏振态,则它们就完全不可能通过其后放置的右旋偏振片。因此,检测第二个偏振片后面有无光子,就可以判断光子在自由运动中是否保持圆偏振状态不变。

上述实验可以推广到电子自旋态,开展电子自旋态实验:让一束电子先通过一个只允许自旋向上的电子通过的自旋电路,在其后一定距离处再置设一个只允许自旋向下的电子通过的自旋电路。通过第一个自旋电路后的电子具有自旋向上的状态,如果它们在从第一个电路到第二个电路的自由运动中保持已获得的自旋状态,则完全不可能通过其后放置的第二个自旋电路。因此,检测第二个自旋电路后面有无电子,就可以判断电子在自由运动中是否保持自旋状态不变。

用圆偏振和线偏振片进行的光学实验表明,光子在真空中自由运动时保持其偏振状态不变,这是真空的平移和转动对称性和相应的动量、角动量守恒的必然结果。总角动量为零的双光子系统,在宏观距离上分离开时出现偏振态纠缠(每个光子的偏振态由于量子涨落都不确定,而处于涨落变化之中)与"光子在真空中自由运动时保持其偏振状态确定不变"是相互矛盾的。因此,双光子系统出现两个光子中的每一个光子的自旋态或偏振态在宏观距离上的由于量子涨落产生的纠缠不确定性,在实验上是可疑的。

14.8 结　　语

深入研究真空对称性和守恒律对真空微观量子涨落的约束、量子涨落的随机性与守恒定律的规律性之间的关联，成为量子物理进一步发展的当务之急。宏观量子纠缠是否存在，它产生的物理机制和本质是什么，这是量子物理乃至物理学的基本问题之一。初步研究表明：①真空微观量子涨落是随机波的涨落，而随机波涨落的本质是非定域性和波幅与相位的随机性；②多体系统各部分的量子态的不确定性和量子态非定域纠缠，与物理学守恒定律约束下的真空微观量子涨落的非定域性关联有关；③伴随着粒子的量子涨落的次微观属性与粒子的统计性质也存在着关联；④宏观量子纠缠的存在与量子涨落的整体性要求和自旋态实验相矛盾，所谓实验观察到的宏观量子纠缠，有可能是微观量子纠缠态因多粒子之间的宏观尺度的分离运动导致的量子态的塌缩所产生的、由母系统的守恒定律控制的、各组分粒子量子态（包括振幅和相位）之间的概率性量子同步，而非来自来多粒子量子态概率幅叠加导致的各粒子量子态之间的纠缠。

宏观距离上两个粒子量子态（包括振幅和相位）之间的同步，是指它们在宏观分离后，在自由空间运动时的确定的量子态按守恒定律确定的概率关联和同步起来；这种确定的量子态之间的同步是两列波的振幅和相位的同步，故仍可传递信息；如果设法再汇聚这两列粒子的量子波，则它们会因振幅和相位关联出现相干。与此不同，宏观距离上两个粒子的量子态的纠缠，是指它们即使在宏观分离后，其量子态在量子涨落的影响下仍然不确定而处于概率幅叠加的纠缠状态。

这类研究需要理论与实验研究的密切配合，如果取得成功，将具有基本的重要性。进一步的研究需要分析所有关于量子纠缠的实验，设计和开展新的实验，根据实验信息改进和完善理论。

参 考 文 献

[1] Pan J W, Chen Z B. Rev Mod Phys, 2012, 84(2): 777
[2] Reid M D, Drummond P D, Bowen W P, et al. Rev. Mod. Phys. 2009, 81: 1727

《现代物理基础丛书·典藏版》书目

1. 现代声学理论基础　　　　　　　　　　　　马大猷　著
2. 物理学家用微分几何（第二版）　　　　　　侯伯元　侯伯宇　著
3. 计算物理学　　　　　　　　　　　　　　　马文淦　编著
4. 相互作用的规范理论（第二版）　　　　　　戴元本　著
5. 理论力学　　　　　　　　　　　　　　　　张建树　等　编著
6. 微分几何入门与广义相对论（上册·第二版）　梁灿彬　周彬　著
7. 微分几何入门与广义相对论（中册·第二版）　梁灿彬　周彬　著
8. 微分几何入门与广义相对论（下册·第二版）　梁灿彬　周彬　著
9. 辐射和光场的量子统计理论　　　　　　　　曹昌祺　著
10. 实验物理中的概率和统计（第二版）　　　　朱永生　著
11. 声学理论与工程应用　　　　　　　　　　　何琳　等　编著
12. 高等原子分子物理学（第二版）　　　　　　徐克尊　著
13. 大气声学（第二版）　　　　　　　　　　　杨训仁　陈宇　著
14. 输运理论（第二版）　　　　　　　　　　　黄祖洽　丁鄂江　著
15. 量子统计力学（第二版）　　　　　　　　　张先蔚　编著
16. 凝聚态物理的格林函数理论　　　　　　　　王怀玉　著
17. 激光光散射谱学　　　　　　　　　　　　　张明生　著
18. 量子非阿贝尔规范场论　　　　　　　　　　曹昌祺　著
19. 狭义相对论（第二版）　　　　　　　　　　刘辽　等　编著
20. 经典黑洞和量子黑洞　　　　　　　　　　　王永久　著
21. 路径积分与量子物理导引　　　　　　　　　侯伯元　等　编著
22. 全息干涉计量——原理和方法　　　　　　　熊秉衡　李俊昌　编著
23. 实验数据多元统计分析　　　　　　　　　　朱永生　编著
24. 工程电磁理论　　　　　　　　　　　　　　张善杰　著
25. 经典电动力学　　　　　　　　　　　　　　曹昌祺　著
26. 经典宇宙和量子宇宙　　　　　　　　　　　王永久　著
27. 高等结构动力学（第二版）　　　　　　　　李东旭　编著
28. 粉末衍射法测定晶体结构（第二版·上、下册）　梁敬魁　编著
29. 量子计算与量子信息原理　　　　　　　　　Giuliano Benenti　等　著
　　——第一卷：基本概念　　　　　　　　　　王文阁　李保文　译

30. 近代晶体学（第二版） 张克从 著
31. 引力理论（上、下册） 王永久 著
32. 低温等离子体 B. M. 弗尔曼　И. M. 扎什京　编著
    ——等离子体的产生、工艺、问题及前景 邱励俭 译
33. 量子物理新进展 梁九卿　韦联福　著
34. 电磁波理论 葛德彪　魏兵　著
35. 激光光谱学 W. 戴姆特瑞德　著
    ——第1卷：基础理论 姬扬 译
36. 激光光谱学 W. 戴姆特瑞德　著
    ——第2卷：实验技术 姬扬 译
37. 量子光学导论（第二版） 谭维翰 著
38. 中子衍射技术及其应用 姜传海　杨传铮　编著
39. 凝聚态、电磁学和引力中的多值场论 H. 克莱纳特　著　姜颖 译
40. 反常统计动力学导论 包景东 著
41. 实验数据分析（上册） 朱永生 著
42. 实验数据分析（下册） 朱永生 著
43. 有机固体物理 解士杰　等　著
44. 磁性物理 金汉民 著
45. 自旋电子学 翟宏如　等　编著
46. 同步辐射光源及其应用（上册） 麦振洪　等　著
47. 同步辐射光源及其应用（下册） 麦振洪　等　著
48. 高等量子力学 汪克林 著
49. 量子多体理论与运动模式动力学 王顺金 著
50. 薄膜生长（第二版） 吴自勤　等　著
51. 物理学中的数学方法 王怀玉 著
52. 物理学前沿——问题与基础 王顺金 著
53. 弯曲时空量子场论与量子宇宙学 刘辽　黄超光　编著
54. 经典电动力学 张锡珍　张焕乔　著
55. 内应力衍射分析 姜传海　杨传铮　编著
56. 宇宙学基本原理 龚云贵 编著
57. B介子物理学 肖振军 著